기초에서 응용까지

# 식물조직배양

## Plant Cell Culture

기초에서 응용까지

# 식물조직배양

## Plant Cell Culture


D. E. Evans

Oxford brookes University, Oxford, UK

J.O.D Coleman

Oxford brookes University, Oxford, UK

and

A. Kearns

Oxford brookes University, Oxford, UK


김순영 역


월드사이언스
worldscience.co.kr

## Plant Cell Culture



**식물조직배양** 기초에서 응용까지

**인　　쇄** | 2014년 2월 28일
**발　　행** | 2014년 3월 7일

**저　　자** | D. E. Evans, J.O.D Coleman, A. Kearns
**역　　자** | 김순영
**발 행 인** | 박선진
**발 행 처** | 도서출판 월드사이언스

**주　　소** | 서울특별시 서초구 방배4동 864-31 월드빌딩 1층
**등록일자** | 1988년 2월 12일
**등록번호** | 제 16-1601호
**대표전화** | (02) 581-5811~3
**팩　　스** | (02) 521-6418

**E-mail** | worldscience@hanmail.net
**U R L** | http://www.worldscience.co.kr

**정　　가** | 12,000원
**I S B N** | 978-89-5881-229-6

이 도서의 국립중앙도서관 출판시도서목록(CIP)은 서지정보유통지원시스템 홈페이지(http://seoji.nl.go.kr)와 국가자료공동목록시스템(http://www.nl.go.kr/kolisnet)에서 이용하실 수 있습니다.
(CIP제어번호 : CIP2014005509)

The Basics

# 차례

# Abbreviations

| | |
|---|---|
| 2,4-D | 2,4-dichlorophenoxyacetic acid |
| 2iP | *N*-isopentenylaminopurine |
| ABA | abscisic acid |
| AFLP | amplified fragment length polymorphism |
| AGP | arabinogalactan |
| AP-PCR | arbitrarily primed PCR |
| BAP | 6-benzylaminopurine |
| BM | basal medium |
| CaMV | cauliflower mosaic virus |
| CB | cellulase buffer |
| CMS | cytoplasmic male sterile/sterility |
| CUG | 3-carboxyumbelliferyl-β-D-galactopyranoside |
| CWM | Calcofluor White medium |
| DG1/2 | density gradient step 1/2 |
| EB | electroporation buffer |
| EDTA | ethylenediamine tetra acetic acid |
| EMS | ethyl methane sulphonate |
| EPSP | 5-enolpyruvylshikimate-3-phosphate |
| EPSPS | 5-enolpyruvylshikimate-3-phosphate synthase |
| EST | expressed sequence tag |
| FDA | fluorescein diacetate |
| $GA_3$ | gibberellic acid |
| GFP | green fluorescent protein |
| GM | genetic modification |
| GUS | β-glucuronidase |
| HEPA | high-efficiency particulate air |
| IAA | indole-3-acetic acid |
| IBA | indole-3-butyric acid |
| IPAR | 6-(γ,γ-dimethylallylamino)purine riboside |
| lacZ | β-galactosidase |
| LB | Luria broth |
| LMP | low melting point |
| LRR | Leu-rich repeat |
| LS | Linsmaier and Skoog medium |
| LUC | luciferase |

| | |
|---|---|
| MAS | marker-assisted selection |
| MES | 2-(*N*-morpholino)ethanesulphonic acid |
| MR | rooting medium |
| MS medium | Murashige and Skoog medium |
| MSAR | MS medium, Arabidopsis |
| MUG | 4-methylumbelliferryl-β-D-glucuronide |
| NAA | 1-naphthylacetic acid |
| NB | nutrient broth |
| *nptll* | neomycin phosphotrasnsferase type II gene |
| NPTII | neomycin phosphotrasnsferase II |
| PAR | photosynthetic active radiation |
| PAT | phosphinothricin acetyltransferase |
| PCM | protoplast culture medium |
| PCR | polymerase chain reaction |
| PCV | packed cell volume |
| PDA | potato dextrose agar |
| PEG | polyethylene glycol |
| PEM | pro-embyrogenic cell mass |
| PEP | phosphoenolpyruvate |
| PM | protoplasting medium |
| QTL | quantitative trait loci |
| RAPD-PCR | random amplified polymorphic DNA-PCR |
| RFLP | restriction fragment length polymorphism |
| RLK | receptor-like kinase |
| RPM | revolutions per minute |
| SR | sequence repeats |
| TE | Tris-EDTA buffer |
| UV | ultraviolet |
| WB | wash buffer |
| WM | wash medium |
| YMA | yeast mannitol agar |

The Basics

# 서문

식물조직(세포)배양은 현대 식물학에서 기본적인 기술이다. 식물조직(세포)배양은 농학, 원예학, 임학, 생물공학에서 광범위하게 사용되고 있다. 세계적으로 중요한 작물 대부분은 식물조직배양에 기초를 둔 무성생식 방법을 사용하여 증식되고 있다. 세계 여러 지역의 원예시장에도 조직배양의 산물이 공급되고 있다. 대규모 프로그램에 따라 삼림목을 무성생식적으로 증식시키고 있다. 아마도 가장 중요한 사실은 식물의 유전적 변형은 조직(세포)배양 기술을 사용하여야 가능하다는 것이다. 그러므로 식물조직배양은 여러 수준에서 과학자와 기술자에 의해 기업이나 연구실에서 전 세계 어디서나 일상적으로 사용되고 있다. 이 책은 학생, 연구원, 기술자에게 필요한 기본적인 기술과 이에 대한 이해를 제공하고자 노력하였다.

여러 해 동안, 식물조직배양은 연구원과 실험실의 전문적인 영역이었다. 초기 연구는 많은 방법과 다양한 배지를 새로 개발하였는데, 종종 실험이 성공하거나 혹은 실험이 성공하지 못한 것에 대한 설명이 없었다. 이 책에서 우리는 초보자가 이해와 함께 입문할 수 있도록 이 분야의 기본적인 지식을 제공하려고 하였다. 응용은 '기초'와 마찬가지로 중요하며 우리는 기술의 범위와 중요성을 설명하려고 노력하였다.

이 책에 있는 대부분 프로토콜은 여러 해 동안 식물조직(세포)배양을 한 경험에서 나온 것이다. 각 프로토콜은 실험자가 불필요한 실수나 혼동을 하지 않도록 자세하게 설명되어있다. 불가피하게, 몇몇 프로토콜은 우리가 사용하지 않은 재료와 방법이며 이 경우에는 최선의 기술을 바탕으로 설명하였다. 어떤 프로토콜은 각 실험실의 필요에 맞게 변형할 필요가 있다는 것을 인정한다. 잘 알려진 바와 같이 식물 재료는 다양하며, 이 책은 모든 응용을 위한 절대적인 실험 방법이 아니라 실험자를 위한 올바른 기초를 제공하려고 노력하였다. 그러나 가능하면 우리는 실험을 디자인할 때 실험자가 최선의 선택을 할 수 있도록 다양한 프로토콜을 제시하였다.

이 책의 많은 부분은 안전을 고려하여 설명하였지만, 실험자는 모든 기구와 배지의 안전 필수 사항에 대하여 익숙해져야 한다. 식물조직(세포)배양은 실험자에게 안전하지 않다. 여러 해에 걸쳐 증기고압살균기를 부주의하게 사용하거나 실험대에서 배양체를 살균할 때 화재가 나서 실험자들이 심하게 부상을 당하였다. 어떤 화학물질은 유독하다. 이러한 관점에서 이 책이 능숙한 실험자가 일대일로 가르치는 것을 대체할 수 없다. 대신에 그러한 지도와 함께 사용할 수 있는 매뉴얼이다. 게다가, 유전적 변형에 관한 사항은 유전자 조작 식물이나 미생물을 방출하거나 다루는 것을 통제하는 지방이나 국가 그리고 국제적인 규정을 잘 알고 준수해야 한다. 실험이 시작되기 전에 위험에 대비한 완벽한 평가서를 준비하여야 한다. 이 책의 사용으로 발생한 어떠한 부상이나 손실 혹은 이 책에서 제시한 프로토콜을 이용하였을 때 발생하는 실험의 실패나 실수에 대하여 저자는 책임이 없음을 밝혀둔다.

이 책의 삽화를 도와준 Mrs. Sheona Bellis께 감사를 드린다. 이 책이 출판이 되도록 도움 준 Bios 직원께도 감사를 드린다.

The Basics

# 역자서문

여러 해 동안 식물조직배양을 강의하면서 마땅한 책이 없어 수업을 진행하는데 어려움이 많았다. 현재 시중에 나와 있는 책들은 대부분 오래전에 출판되어 학생들이 실험방법이나 과정을 이해하기가 힘들었다.

이 책은 15장으로 구성되어 있으며 식물조직배양의 배경과 기본 지식을 체계적으로 설명 하고 있다. 또한 각 장마다 기본적인 실험을 위한 프로토콜과 응용할 수 있는 프로토콜도 함께 제시하여 처음 식물조직배양을 공부하는 학생은 물론, 실험실에서 이미 실험을 하는 연구원들도 참고할 수 있도록 구성되어 있다.

이 책이 나올 수 있도록 힘써주신 월드사이언스 박선진 사장님과 편집부 여러분께 감사의 말씀을 드린다. 이 책을 통하여 학생들이 식물조직배양에 대한 기본 개념을 이해하여 여러 생물학 분야에 더욱 큰 관심을 가질 수 있기를 기대한다.

2014년 2월

역자 김순영

## 역자소개

**|김순영|**

안동대학교 생명과학과 교수

연세대학교 생물학과 졸업

미국 Indiana State University 이학박사

## Chapter 1

# 식물조직(세포)배양에 대한 서론

The Basics

## 1. 식물조직(세포)배양

식물조직(세포)배양은 통제된 환경인 무균 조건에서 식물의 세포, 조직, 기관을 배양하는 것이다. 한때 식물조직(세포)배양 기술은 전문가들만 제한적으로 사용하였지만, 이제 배양 방법은 잘 확립되어 있어 여러 분야에서 광범위하게 사용되고 있다.

식물조직(세포)배양의 기술(종종 *시험관 내* 배양(*in vitro*)이라고 함)은 원형질체(세포벽이 없는 식물세포)의 분리와 배양에서부터 식물 전체의 재발생과 영양 번식까지 다양한 방법에 기초를 두고 있다. 기초과학으로서 식물조직(세포)배양의 발달은 식물호르몬의 발견 및 특징과 밀접한 관계가 있고, 식물 생장과 발달에 대한 이해를 촉진시켰다. 더 나아가 식물세포와 조직을 키우고 발달을 조절하는 능력은 농학, 원예학, 산업 화학 등에서 실질적인 응용의 기본을 형성하며, 식물 유전공학에서는 필수적이다.

### 1.1 식물조직배양의 초기 실험

대부분 식물은 오랫동안 영양적으로 조직과 기관을 재발생시키고 생식을 할 수 있는 능력이 있다고 알려져 왔다. 여러 세기에 걸쳐, 원예학자는 좋은 형질을 가지고 있는 식물을 번식시키기 위하여 꺾꽂이를 사용하여 식물의 놀라운 재발생 능력을 이용하였다. 처음 번식이 성공한 때는 알 수 없지만 19세기 말에 이러한 기술이 잘 다듬어졌다. 이와는 대조적으로 식물조직배양의 탄생은 정확하게 시기를 추정할 수 있다. 첫 번째 실험은 1898년과 1902년 사이에 오스트리아의 Graz에 있는 Gottlieb Haberlandt가 하였으며 동물세포배양의 시작보다 약 10년이 앞선 것이다. Haberlandt는 분리된 잎 세포를 긴 기간 동안 살아있도록 유지하는 데 성공하였지만 필수적인 식물호르몬이 없는 단순한 배지를 사용하였기 때문에 세포를 분열시키는 것은 실패하였다. 20세기 초에 절단된 식물조직의 생장에 대한 실험 과정은 살균 방법의 개발과 조직의 생장에 비타민 B와 auxin의 필요성에 대한 발견으로 계속 발전하였다. 식물세포배양에서 생장을 유지하고 세포분열에 성공한 첫 번째 실험은 White(1934)가 한 실험인데 White는 무균 배양에서 분리한 토마토 뿌리의 실험을 확립하였다. White 배지는 sucrose, 미네랄, 효모 추출물(비타민을 공급)만이 포함되어 있는 단순한 것이었다. 이러한 배양 조건에서 뿌리와 같이 절단된 기관은 세포 분열을 유지하기 위하여 필요한 호르몬을 합성할 수 있다는 것을 분명히 알 수 있었다.

## 1.2 배양 배지의 발달

White의 실험 후에 식물조직배양에 대한 관심이 높아졌다. 다양한 식물에서 분리된 조직의 생장과 세포 분열이 배지에 무엇인가 첨가하면 촉진된다는 것이 발견되었다. 처음 첨가한 것은 식물 호르몬인 auxin이었다. 나중에 코코넛밀크(코코넛의 액체 배유)가 사용되었다. 1930년대 말에 Gautheret과 Nobecourt는 처음으로 버드나무(*Salix*)와 당근(*Daucus carota*)에서 미분화된 식물 조직의 덩어리를 자라게 하는 확실한 프로토콜을 확립하였다. 캘러스라고 하는 미분화된 세포 덩어리는 식물생장물질인 auxin이 들어 있는 배지에서 반복적으로 재배양할 수 있었다. 동시에 캘러스 형성을 연구하던 White는 auxin이 필요하지 않은 담배(*Nicotiana tabacum*) 캘러스를 만들었다.

## 1.3 배발생(embryogenesis)

1950년대, Skoog는 담배조직배양을 위한 배지 필요조건에 대하여 연구하였으며 이 연구는 여러 중요한 발전의 계기가 되었다. Cytokinin인 kinetin의 발견과 중요한 조직배양 배지인 Murashige and Skoog 혹은 MS 배지를 개발한 것도 이러한 발전의 일부이다(Murashige and Skoog, 1962).

Skoog와 Miller는 배지에서 auxin과 cytokinin의 균형을 조절하여 담배 수 세포에서 뿌리와 줄기의 분화를 조절할 수 있다고 보고하였다. 높은 농도의 auxin은 뿌리를, 높은 농도의 cytokinin은 줄기 형성을 유도하였지만, 서로 같은 농도에서는 조직이 캘러스로 남아 있었다. 이러한 기관 발달 과정은 기관 발생으로 알려졌다.

또 다른 기술적인 돌파구는 Steward *et al*.(1958)이 당근의 캘러스 덩어리와 세포 현탁배양에서 체세포 배의 재발생을 위하여 코코넛 밀크가 강화된 배지를 사용한 것이다. 이 과정은 체세포 배발생(체세포에서 발생한 배)이라고 하였으며 이 과정을 통하여 형성된 체세포 배는 생존하여 꽃을 피우고 종자를 형성할 수 있는 성숙한 식물로 자랐다.

각 기관을 거친 단계적인 기관분화(뿌리 분화 후 줄기 분화)와 체세포 배발생에 의해 온전한 식물체를 만드는 *시험관 내* 재생 기술은 농학과 원예학에서 적용하는 영양 번식을 위한 중요한 전략이다. 또한, 재발생은 식물유전공학의 필수적인 요소이며 재발생을 통하여 유전적으로 변형된 식물의 클론을 생산할 수 있다.

## 1.4 현탁배양을 실시한 초기 실험

미생물학적 방법을 적용하여 액체배지에서 식물세포를 배양할 수 있는 가능성을 조사하는 것이 초기 식물세포배양 연구의 목적 중 하나였다. 그러나 1950년대 중반 당근에서 현탁배양이 성공할 때까지 이루어지지 않았다(Nobecourt, 1955). 캘러스에서 분리된 세포가 액체배지에서 계속 흔들어주면 세포가 생장하고 분열하여 작은 세포 덩어리를 형성한다. 1960년대에 Steward(1964)와 Vasil과 Hildebrandt(1965)는 조직배양을 통하여 자란 단세포에서 완전하게 생존할 수 있는 체세포 배가 재발생할 수 있다는 것을 입증하였다. 이 결과는 식물에서 1개의 체세포가 한 식물체로 재발생할 수 있다는 개체형성능(totipotency)을 증명하는 것으로 인용되었다. 개체형성능은 대부분 식물세포에 있는 특이한 특성이며 식물이 보여주는 발달의 놀라운 가소성에서 유래하였다.

## 2. 산업적 규모의 식물세포배양

식물현탁배양 확립에 대한 프로토콜의 발달로 식물이 생산하는 특수한 유기화합물(약물성분)생산을 위하여 생물반응장치(bioreactor)에서 대규모로 키우는 *in vitro* 배양을 개발하는데 많은 관심이 있었다. 식물 화합물 생산을 위한 이 시스템은 식물체에서 직접 추출하는 방법이나 화학적 합성을 대체할 수 있는 장점이 있다고 인식되었다. 여러 가지 이유로 이 기술은 효모의 발효 시스템과 동물 세포의 산업적 규모 배양 시스템보다 성공하지 못하였다. 식물 세포 배양체는 느리게 생장하고 배양을 유지하기 위하여 필요한 폭기와 휘저음에 의한 압력 때문에 쉽게 파괴된다. 게다가 고부가가치 식물 화합물은 분화된 기관이나 조직에서는 활성이 있고 미분화된 세포에서는 활성이 없는 2차 물질대사의 복잡한 경로의 산물이다. 연구가 진전되면서 털뿌리(10장)와 같은 기관을 사용하거나 중요한 효소의 유전자가 발현되는 형질전환 세포 현탁액을 사용하여 이러한 문제점을 극복하려고 노력하고 있다. 최근에 복잡한 배양 주기의 문제없이 그리고 멸균 조건을 유지할 필요가 없이 밭에서 자라는 형질전환 식물에서 고부가가치 화합물(인간 치료 단백질)을 생산하는 것에 대하여 많은 관심을 가지고 있다.

## 3. 식물조직배양, 식물 육종, 작물 개량

세포벽이 제거된 식물세포는 원형질체(2장)라고 한다. 많은 수의 원형질체를 얻기 위하여 효소를 이용하여 세포벽을 분해하는 기술은 1966년대에 Cocking이 개발하였다. 적절한 배지에서 원형질체는 새로운 세포벽을 합성하고 작은 세포 군집을 만들기 위하여 분열하고 궁극적으로 완전한 식물체로 재발생된다. 밀착하고 있는 원형질체에 특정 물질을 첨가하면 융합이 일어날 수 있다. 다른 종과의 원형질체 융합은 체세포잡종('세포질체잡종(cybrid)'이라고도 함)을 만든다. 체세포잡종화는 자연에서 종종 일어나는 부적합성 메커니즘을 피해갈 수 있는데, 부적합성 메커니즘은 유성생식적으로 교차가 일어나 새로운 종이 형성되는 것을 방지하는 메커니즘이다. 이 기술은 식물 육종에서 유성생식적으로 부적합성을 가진 종을 잡종화하기 위하여 사용되어왔다. 원형질체 융합으로 가장 잘 알려진 예는 감자와 토마토의 체세포잡종인데, 이 'pomato'는 1970년대 말에 처음 만들어졌다(Melchers *et al*., 1978). 또한, 원형질체는 특히 곡물에서 유전적 형질전환에 매우 유용하고, 식물체(잎, 뿌리)나 현탁배양체에서 생성될 수 있다고 알려졌다.

조직배양 기술은 또한 곡물 생산성을 향상시키기 위한 수단으로 연구되었다. 이에 대한 연구로는 조직배양에 의해 생성되는 클론 세포주에서 유용한 돌연변이의 확인('체세포영양계 변이', 3장과 12장 참조)과 인공적인 돌연변이 생성 및 분열조직 정단 배양에 의한 질병이 없는 식물 생산(3장 참조) 등이 있다.

## 4. 식물조직배양과 식물 유전공학

식물조직배양 기술은 1980년대 유전자 조작을 통하여 식물의 특징을 변형시킬 수 있다는 전망으로 발달하였다. 토양 미생물인 *Agrobacterium tumefaciens*에 의한 식물 감염 기작의 설명에 이어서 외래 유전자를 전달하기 위한 세포의 변형에 대한 설명이 이어졌다(4장). 최초로 안정된 식물 형질 전환에 대한 입증은 미국과 유럽 과학자들에 의해 이루어졌다(Horsch *et al*., 1984; Zambryski *et al*., 1983). *A. tumefaciens*나 *Agrobacterium rhizogenes*를 사용하거나 혹은 현미주입법(microinjection), 전기천공법(electroporation), 충격요법(particle bombardment)과 같은 직접적인 방법(4장)으로 식물 형질전환의 표준화된 방법이 계속 개발되었다. 이러한 방법은 우선 담배(*Nicotiana tabacum*), 페투니아(*Petunia hybrida*), 토마토(*Lycopersicon esculentum*)(Horsch *et al*., 1985)와 같은 초본 쌍자엽 식물에, 후에 목본 쌍자엽 식물, 그리고 마지막으로 단자엽 식물(Gasser and Fraley, 1989)에 적용되었다.

조직배양 기술은 식물의 유전적 변형을 위한 필수적인 도구라고 이미 설명하였다. 다음 장에서는 원형질체, 캘러스, 형질전환을 위한 다른 식물 재료 등의 생산과, 형질전환된 식물의 영양 집단을 만드는 방법에 대하여 설명할 것이다. 그러므로 식물조직배양 기술은 더 이상 조직배양 실험실의 전문가에게만 제한적으로 필요한 것이 아니며, 식물분자생물학자가 항상 필요한 기술이다. 일반적인 배양 재료는 주요 식량 작물과 섬유 작물뿐만 아니라 피자식물과 나자식물을 포함하여 경제적으로 중요한 다른 많은 종이 포함된다. 처음으로 유전체 프로젝트가 완성되고 식물과학의 모델 종인 *Arabidopsis thaliana*(애기장대)도 조직배양에 광범위하게 사용되고 있다.

그러므로 식물조직배양 기술은 반세기 이상에 걸쳐 많은 종에서 발달하였다. 발표된 프로토콜은 때때로 사용에 대한 분명한 이유 없이 혹은 특정한 종에 대하여 왜 변형이 이루어졌는지에 대한 설명 없이 발표되었다. 이 책은 새로 실험을 시작하는 실험자가 이해하도록 충분히 배경을 설명하고 또한 일상적으로 사용하는 기술과 프로토콜을 변형하고자 할 때 합리적으로 선택할 수 있는 기술을 제시하고자 한다.

### 참고문헌

**Gasser, C.S. and Fraley, R.T.** (1989) Genetically engineering plants for crop improvement. *Science* **244:** 1293-1299.

**Horsch, R.B., Fraley, R.T., Rogers, S.G., Sanders, P.R., Lloyd, A. and Hoffman, N.** (1984) Inheritance of functional foreign genes in plants. *Science* **223:** 496-498.

**Horsch, R.B., Fry, J.E., Hoffman, N., Eichholtz, D., Rogers, S.G., and Fraley, R.T.** (1985) A simple and general method for transferring genes into plants. *Science* **227:** 1229-1231.

**Melchers, G., Sacristan, M.D. and Holder, A.A.** (1978) Somatic hybrid plants of potato and tomato regenerated from fused protoplasts. *Carlsberg Res. Commun.* **43:** 203-218.

**Murashige, T. and Skoog, F.** (1962) A revised medium for rapid growth and bioassays with tobacco tissue cultures. *Physiol. Plant* **15:** 473-497.

**Nobecourt, P.** (1955) *Bull. Soc. Botan. Suisse* **65:** 475-480.

**Skoog, F. and Miller, W.** (1957) Chemical regulation of growth and organ formation in plant tissues cultured *in vitro*. In: *Biological Action of Growth Substances* (ed. H.K. Porter). Symposium of the Society for Experimental Biology, Cambridge University Press, Cambridge, 11, pp. 118-131.

**Steward, F.C., Mapes, M.O. and Mears, K.** (1958) Growth and organized development of cultured cells. *Am. J. Bot.* **45:** 705-708.

**Steward, F.C., Mapes, M.O., Kent, A.E and Holsten, R.D.** (1964) Growth and development of cultured plant cells. *Science* **143:** 20-27.

**Vasil, V. and Hildebrandt, A.C.** (1965) Differentiation of tobacco plants from a single isolated cell in microculture. *Science* **146:** 76-77.

**White, P.R.** (1934) Potentially unlimited growth of excised tomato root tips in a liquid medium. *Plant Physiol.* **9:** 585-600.

**Zambryski, P., Joos, H., Genetello, C., Leemans, J., Vanmontagu, M. and Schell, J.** (1983) TI-plasmid vector for the introduction of DNA into plant-cells without alteration of their normal regeneration capacity. *EMBO J.* **2:** 2143-2150.

Chapter 2

The Basics

# 세포배양을 위한 기초 식물학

## 1. 조직과 기관

식물조직배양의 실제적인 면을 살펴보기 전에, 식물이 생장하고 발달하는 과정을 아는 것이 중요하다. 식물의 생활사에 걸쳐 식물만의 독특한 생장은 세포 분열이 특정한 부분에서 활성적이라는 것이며 이는 동물의 발달과 두드러지게 대조가 되는 것이다. 세포분열 지역과 세포분열의 활성도가 시작되고 조절되는 방법을 이해하는 것은 식물세포조직배양의 원리와 방법을 터득하는 데 도움이 된다.

식물의 형태는 다양하며 기관의 숫자와 유형이 다양하다. 주요 기관인 잎, 뿌리, 줄기는 대부분 식물에 존재한다(비록 매우 변형이 되었을지라도). 꽃, 열매, 괴경과 같은 저장기관은 생활사 중에서 특수한 단계에 형성되며, 또한 형태도 매우 다양하다. 기관은 온전한 기관으로 배양될 수도 있고(기관 배양) 혹은 기관과 배로 분화할 수 있는 캘러스(미분화된 세포 덩어리)가 형성되도록 분열할 수도 있다. 예를 들어 잎의 절편은 종종 유전적 형질전환을 위한 숙주 조직으로 사용되며 이렇게 형질전환된 조직에서 배가 재발생된다.

## 2. 식물조직

식물은 서로 다른 기능을 가지고 있는 특수화된 세포 유형으로 구성되어 있다. 식물 기관은 표피조직(표피나 바깥쪽 세포층), 관다발조직(식물의 운반계), 기본조직(나머지 모든 세포)과 같이 세 가지 유형의 조직으로 구성되어 있다. 각 조직의 유형과 양은 각 기관에 따라 다양하다.

### 2.1 기본조직(Ground tissue)

기본조직은 표피 아래에 위치하고 있으며 구조적인 강도와 기능의 역할을 한다. 유조직세포(parenchyma cell)는 식물에서 가장 많은 세포이며 잎, 뿌리, 줄기와 같은 기관의 대부분을 형성한다. 얇고 유연한 세포벽을 가지고 있고 초기에는 직육면체이지만 시간이 지남에 따라 구형과 원통형으로 변화된다. 성숙한 조직에서 이들의 형태는 주위에 있는 세포에 의해 제약을 받게 된다. 유조직세포는 녹말입자와 다른 양분을 가지고 있으며 큰 액포가 있다. 잎의 유조직세포는 엽록조직(chlorenchyma)이라고 하며 엽록체를 가지고 있어 광합성을 한다. 식물에 상처가 나면 유조직세포는 분열하여 상처 부위를 채우는 캘러스를 형성하고 궁극적으로 상처를 치유하기 위하여 새로운 조직을 형성한다. 상처로 인해 생기는 캘러스와 유사한 캘러스는 식물조직배양에서 종종 형성된다.

후각조직세포(collenchyma cell)는 유조직과 비슷하지만 두꺼운 세포벽을 가지고 있고 표피 아래에서 유연한 지지역할을 한다. 후벽조직(sclerenchyma)은 측면생장을 마친 기관에서 발견되는 지지 조직이다. 평평하고 리그닌화된 2차 세포벽을 가진 죽은 세포로 구성되었고 보강세포(scleids; 세포의 작은 집단)나 섬유(fibers; 늘어난 세포의 긴 가닥)로 특수화되었다.

### 2.2 표피조직(Dermal tissue)

식물의 기관은 모두 표피라고 하는 방어층을 형성하는 표피조직으로 둘러싸여 있다. 유조직으로 구성되어 있고 보통 특수화된 구멍(공기교환을 위한 것)이 존재하는 것을 제외하고는 완벽한 외피를 형성한다. 표피는 아래에서 기계적 손상이나 병원균에 의한 침입으로부터 조직을 방어한다. 뿌리에서 표피는 양분 흡수에 관여하고 뿌리털이 있을 수도 있다.

### 2.3 관다발조직(Vascular tissue)

체관부와 물관부로 구성된 관다발조직은 식물에서 액체의 통도 조직을 형성한다. 물관부는 일반적으로 뿌리에서 줄기까지 물과 무기영양분을 운반한다. 체관부는 합성 부위에서 저장 부위까지 당이나 아미노산과 같은 양분을 운반한다.

### 2.4 캘러스(Callus)

때때로 상처를 입은 식물은 상처 부위에 미분화된 세포가 급증한다. 이 세포 덩어리를 캘러스라고 한다. 조직 배양에서 생성된 미분화된 세포 덩어리도 캘러스라고 한다. 캘러스 배양은 캘러스가 기관과 배로 분화가 가능하기 때문에 식물조직배양의 여러 기술을 위한 출발점이다.

## 3. 분열조직(Meristem)

분열조직은 식물에서 새로운 조직으로 분화하는 세포를 형성하기 위하여 왕성하게 분열하는 세포가 있는 지역이다. 그림 2.1은 피자식물의 쌍자엽에서 분열조직의 위치를 나타낸 것이다. 정단분열조직은 뿌리와 줄기의 끝에 있고 식물의 길이 신장을 일으킨다. 이러한 유형의 생장을 1기 생장이라고 한다. 분열조직은 원기(initial)(동물에서 줄기세포에 해당하는)라고 하는 스스로 계속 분열하는 세포가 있어 새로운 세포를 생성하는 능력을 가지고 있다. 줄기와 뿌리의 조직을 생산하는 1차 분열조직은 정단분열조직에서 유래한다. 원표피(protoderm; 표피 혹은 줄기의 바깥층 세포를 형성), 전형성층(procambium; 체관부와 물관부 형성), 기본분열조직(유조직 형성)은 1차 분열조직이다.

관다발형성층과 코르크형성층은 측생분열조직이며 2차 조직을 생산하고 둘레의 증가를 일으킨다(2기 생장). 관다발형성층은 줄기와 뿌리에 존재하며 성숙한 줄기에서 새로운 물관부와 체관부를 만드는 원기둥 세포를 형성하여 측면으로 신장하도록 한다. 코

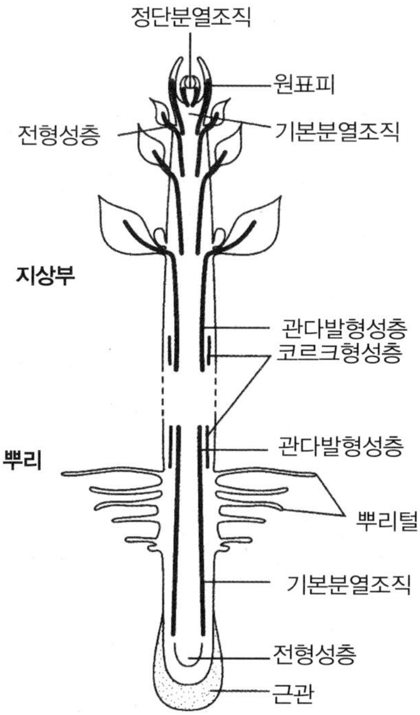


**그림 2.1**

**쌍자엽 식물에서 분열조직의 위치.** From Lack, A.J. and Evans, D.E. (2000) Instant Notes in Plant Biology. © BIOS scientific Publishers Ltd., 2001.

르크형성층은 내부 조직을 둘러싸는 원기둥으로 전형적으로 목본식물의 줄기 바깥층에 발생한다. 코르크형성층의 세포는 외층, 코르크, 2차 피층 혹은 코르크피층인 내층을 형성하기 위하여 분열한다. 코르크, 코르크형성층, 코르크피층을 주피라고 하는 바깥 보호층을 형성한다.

분열조직 배양은 무병식물을 증식하는 데 사용된다. 예를 들면, 바이러스는 분열조직에 침입하지 않기 때문에 바이러스가 없는 식물은 분열조직의 절편 배양으로부터 생산할 수 있다. 분열조직 배양은 감자, 사탕수수, 딸기와 같은 여러 종에서 바이러스를 제거하는 데 성공적으로 사용되었다.

## 4. 식물생식조직

생식조직은 2배체 영양세포에서 발견되는 2n보다 염색체의 배우체 수($n$)를 가진 반수체 세포를 가지고 있기 때문에 특히 관심이 많다. 세포 배양기술을 응용하여 반수체 세포는 반수체 식물이 될 수 있다(9장 참조). 반수체 식물은 동형접합성 2배체 식물을 형성하기 위하여 염색체 세트를 2배로 만들 수 있다. 2성 반수체(dihaploid)는 벼, 밀, 배추속 식물과 같은 여러 중요한 작물의 품종 향상을 위한 육종 프로그램에 사용되는 중요한 부모 개체이다. 피자식물에서 생식기관은 꽃이다(그림 2.2). 반수체 화분(소포자)는 수술에서 생겨나는데, 수술은 꽃밥과 수술대로 구성되어 있다. 반수체 계열은 꽃밥을 배양하거나 분리한 소포자를 배양하여 얻어진다. 배주는 반수체 배의 핵이 2배체 세포와 밀접하게 관련이 있는 배낭을 포함하고 있다. 그러므로 배주 배양은 반수체 식물을 얻는 방법으로 선호하지 않는다.

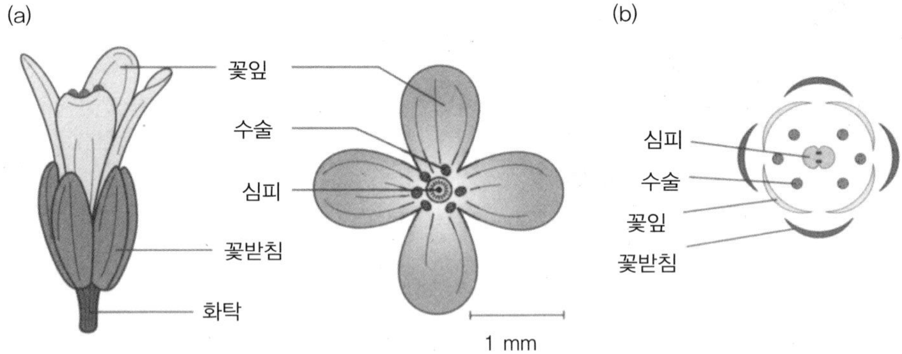


**그림 2.2**

**애기장대의 꽃 구조.** From Lack, A.J. and Evans, D.E. (2000) Instant Notes in Plant Biology. © BIOS scientific Publishers Ltd., 2001.

대부분 나자식물에서 소포자낭은 특수화된 잎의 아래에 있는 횡분체(솔방울)에서 생겨난다(그림 2.3). 암컷 생식 구조도 또한 목본성 비늘이 있고 횡분체보다는 더 큰 솔방울이다.

## 5. 배와 배발생

식물에서 배 형성은 접합체에서 시작되며 접합체는 배낭에 있는 난자세포와 화분에 있는 정자세포의 수정으로 형성된다. 2차 정자핵은 종자에서 발달하는 배에게 양분을 제공할 배유조직을 형성하기 위하여 난자 근처의 세포와 수정을 한다.

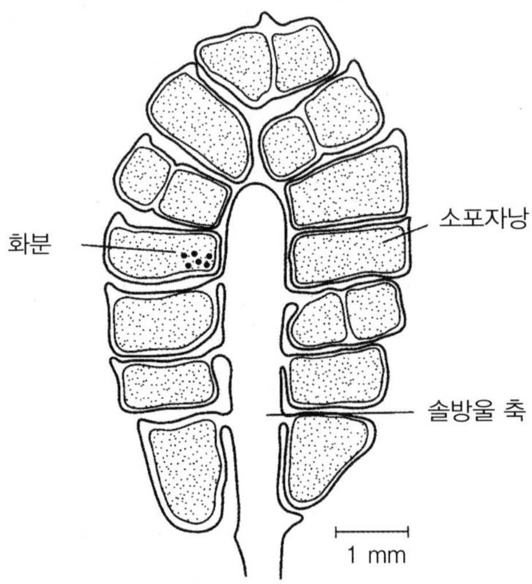


**그림 2.3**

**소포자(화분)의 위치를 보여주는 나자식물의 숫솔방울인 횡분체.** From Lack, A.J. and Evans, D.E. (2000) Instant Notes in Plant Biology. © BIOS scientific Publishers Ltd., 2001.

식물의 기본적인 계획은 배주가 수정된 후 배 발달의 초기 단계에서 확립된다. 쌍자엽인 *Arabidopsis thaliana*의 배발생은 그림 2.4에서 설명하고 있다. 수정된 배주는 정단세포와 기저세포로 분열한다. 기저세포는 배를 모체조직과 근관분열조직으로 연결하는 배병을 형성한다. 정단세포는 세포분열을 왕성하게 한다. 첫 단계는 8분원 단계(2층으로 형성된 8세포에서 유래한 이름)이다. 이어서 원표피 단계(조직 층을 형성하기 위하여 절선면 세포분열이 일어나는)가 나타난다. 마지막으로 심장 형태의 배가 형성된다. 이 배는 유식물의 모든 주요 구조의 기원을 포함하고 있다. 심장 형태의 엽은 자엽이고 이 사이에는 줄기분열조직이 있다. 심장 형태의 중앙 부분은 하배축과 뿌리의 아래층을 형성한다.

접합체가 배가 되는 과정은 접합체성 배발생으로 알려져 있다. 체세포 조직에서 배가 형성되는 것은 접합체성 배와 유사한 발달의 형태적 단계를 거친다. 이 과정을 체세포성 배발생이라고 한다.

## 6. 조직의 발달

분열조직에 있는 세포의 동심원은 형태가 유사하고, 액포가 없으며 직경이 같고(정육면체), 세포벽이 얇다. 후에 이들은 식물의 모든 조직을 형성한다. 이것은 유전자 발현에서 주요 변화도 포함한다. 처음 단계는 결정 단계인데, 이 때 세포에서는 변화 과정이 시작되지만, 물리적 변화는 아직 감지되지 않는다. 이 단계에서 세포는 발달 과정이 정해진다. 그러면 세포는 어떤 특징은 잃고, 어떤 특징은 획득하면서 새로운 형태나 기능으로 분화된다. 식물세포 배양에서 결정과 분화는 적절한 처리로 종종 역전되며 결정의 과정은 새로운 조직이나 기관을 생성하기 위하여 혹은 배발생을 유도하기 위하여 조작될 수 있다.

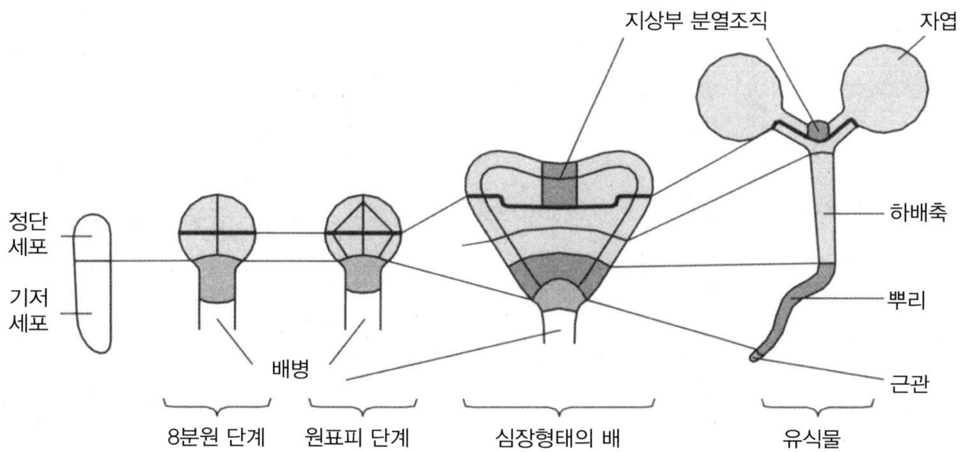


**그림 2.4**

**전형적인 쌍자엽 식물의 배발생.** Reproduced with permission from Laux, T. and Jurgens, G. (1997) Plant Cell 9: 989-1000. © 1997. American Society of Plant Biologists.

## 7. 원형질체

거의 예외 없이 모든 식물세포는 세포벽으로 둘러싸여 있다. 원형질체는 세포벽이 없는 식물세포이다. 이 세포는 원형이며 원형질막으로 둘러싸여 있고 본래 세포 내용물로 구성되어 있다. 세포벽이 없어 원형질체는 삼투성 용해가 일어나기 쉽지만 체세포성 잡종화와 유전적 조작과 같은 다양한 배양기술로 온전한 식물체보다 더 다루기가 쉽다. 원형질체는 또한 식물의 여러 조직과 캘러스나 현탁배양체에서 세포벽을 효소로 분해하여 분리할 수 있다(8장 참조).

## 8. 생장에 필요한 배지와 양분 그리고 필요조건

배양배지는 식물세포조직배양 방법에서 가장 중요한 요소의 하나이다. 식물조직배양과정의 성공 여부는 적절한 조성을 가진 배양배지에 달려있다. 그러므로 배지조성은 사용하는 특별한 배지 기술에 따라 다양하다. 예를 들면, 세포나 조직에서 완전한 식물체를 재발생시키기 위하여 발달 순서의 각 단계를 개시시키는 배지와 다른 조성을 가진 배지가 필요하다. 배양배지의 다른 기능은 세포와 조직이 생장하는 데 필요한 적절한 물리적 환경을 제공하는 것이다. 예를 들면, 고체 배지는 조직 절편이 가스교환을 위하여 공기와 계속 접촉하게 하고 재발생된 소식물체가 뿌리를 내리는 토양과 같은 기능을 한다. 한편, 흔들리고 있는 액체 배지에서 실시하는 현탁배양은 세포가 배지의 성분에 최대로 노출되고 가스교환을 촉진하도록 한다.

살아있는 모든 세포는 생장과 발달을 유지하기 위하여 물, 영양소(무기이온원소와 유기화합물), 식물생장조절제(호르몬)가 필요하다. 식물조직배양의 성분은 이러한 필요성을 반영하고 있으며, 배양할 때 일반적으로 사용하는 여러 가지 특수한 혼합배지(예를 들면, Murashige and Skoog, MS 배지)는 유사한 기본적인 조성으로 구성되어 있다(표 2.1 참조; Murashige and Skoog, 1962).

식물세포배양을 위한 필요한 것은 무기영양소(미네랄), 유기영양소, 식물생장조절제로 나눌 수 있다.

### 8.1 무기영양소

무기영양소는 무기질 원소이고 필요한 농도에 따라 많은 양을 공급을 하는 대량원소와(mM 농도) 매우 낮은 농도(μM)가 필요한 미량원소인 2그룹으로 분류된다.

#### *대량원소(Macroelements)*

**질소(N; nitrogen)** 질소는 아미노산, 단백질, 핵산, 엽록소 그 외의 많은 생체분자와 같은 중요한 생물학적 화합물의 필수 성분이기 때문에 식물의 생활사에 필수적이다. 식물조직배양에서 무기질소는 보통 질산염 음이온($NO_3^-$)과 같은 산화 형태와 암모늄 양이온($NH_4^+$)과 같은 환원형태인 두 가지 형태로 공급된다. 전체 무기질소의 농도는 일반적으로 20-40 mM이다. 대부분 배양에서 두 가지 형태 무기질소 모두 공급할 때 가장 잘

표 2.1 Murashige and Skoog 배지의 성분 (Murashige and Skoog, 1962)

| 성분 | | 최종 배지에서 Molarity |
|---|---|---|
| 주요 무기 영양분 | $NH_4NO_3$ | $2.06 \times 10^{-2}$ |
| (내량 영양소) | $KNO_3$ | $1.88 \times 10^{-2}$ |
| | $CaCl_2 \cdot 2H_2O$ | $3.00 \times 10^{-3}$ |
| | $MgSO_4 \cdot 7H_2O$ | $1.50 \times 10^{-3}$ |
| | $KH_2PO_4$ | $1.25 \times 10^{-3}$ |
| 미량원소 | KI | $5.00 \times 10^{-6}$ |
| (미량 영양소) | $H_3BO_3$ | $1.00 \times 10^{-4}$ |
| | $MnSO_4 \cdot 4H_2O$ | $9.99 \times 10^{-5}$ |
| | $ZnSO_4 \cdot 7H_2O$ | $2.99 \times 10^{-5}$ |
| | $CuSO_4 \cdot 5H_2O$ | $1.00 \times 10^{-7}$ |
| | $CoCl_2 \cdot 6H_2O$ | $1.00 \times 10^{-7}$ |
| 철 | $FeSO_4 \cdot 7H_2O$ | $1.00 \times 10^{-4}$ |
| | $Na_2EDTA$, $2H_2O$ | $1.00 \times 10^{-4}$ |
| 비타민 | Myo-inositol | $4.90 \times 10^{-4}$ |
| | Nicotinic acid | $4.66 \times 10^{-6}$ |
| | Pyridoxin-HCl | $2.40 \times 10^{-6}$ |
| | Thiamine-HCl | $3.00 \times 10^{-7}$ |
| 유기질소원 | Glycine | $3.00 \times 10^{-5}$ |
| 탄소원 | Sucrose | $8.80 \times 10^{-2}$ |

자란다. 어떤 배지를 조제할 때 유기질소는 아미노산이나 단백질 가수분해산물로 공급하기도 한다. 이러한 유기질소 형태는 무기형태로 대체할 수 없다.

**황(S; sulphur)** 질소와 같이 황은 cysteine과 methionine의 아미노산 잔기에 존재하며 단백질의 중요한 요소이다. 이 두 아미노산은 비타민과 보조인자와 같이 필수적인 황화합물의 전구체이기도 하다. 황은 또한 철-황 단백질에 존재하는데, 이 단백질은 엽록체와 미토콘드리아에서 중요한 산화-환원 중개자이다. 식물조직배지에서 황은 일반적으로 마그네슘 황산염으로 마그네슘과 결합된 황산염 음이온($SO_4^-$)으로서 1-3 mM 공급된다.

**인(P; phosphorus)** 인은 핵산인 DNA와 RNA의 성분이고 생체막의 인지질에 많이 존재한다. 인은 또한 ATP와 같이 에너지가 풍부한 인산염 에스테르와 여러 대사반응에 중요한 기질과 산물에 존재한다. 식물배양 배지에서 황은 1-3 mM 농도로 sodium이나 potassium dihydrogen phosphate로서 인산염 음이온($PO_4^-$)으로 공급된다.

**칼슘(Ca; calcium)** 칼슘은 효소 작용의 중요한 조절자이고 세포벽 합성과 안정화에 필수적이다. 칼슘은 식물조직배양에서 1-3 mM 농도로 염화물(chloride)이나 질산염(nitrate salt) 형태로 첨가된다.

**마그네슘(Mg; magnesium)** 마그네슘은 엽록소 분자와 단백질 합성에 필수적인 리보솜 단위체의 집합체에서 중심 원자로 작용하며 많은 효소 작용을 위한 필수적인 보조인자로 작용한다. 마그네슘은 또한 음이온-양이온 균형을 이루는 데 중요한 역할을 한다.

**칼륨(K; potassium)** 칼륨은 식물에서 다양한 생명 유지에 필수적인 역할을 하는 주요 양이온이다. 칼륨은 삼투조절, 양이온-음이온 균형조절, 효소 촉매작용을 위한 활성인자로서 pH를 안정화시키는 기능을 하며 단백질 합성의 번역 과정에서 중요한 단계에 관여한다. 조직배양 배지에서 칼륨은 식물 종에 따라 다양하지만 일반적으로 질산염과 결합 형태인 질산칼륨(potassium nitrate)으로 20–30 mM 공급된다.

### 미량원소(*Microelements*)

**철(Fe; Iron)** 철은 엽록소 합성과 cytochrome과 철-황 단백질의 구성성분으로 산화-환원 반응에 필수적이다. 3가철 원소(Fe{III})는 특히 생리적인 pH에서 용해되지 않아서 ($Fe(OH)_3$의 용해도 상수는 $10^{-39}$이다) ethylenediamine tetraacetic acid(EDTA)와 같은 chelator는 3가철 원소를 용액에 녹도록 하는데 필수적이다. Fe-EDTA는 광범위한 pH 범위에서 배양배지의 철을 이용 가능하도록 한다.

**붕소(B; Boron)** 붕소는 세포벽의 구조 복합체 중 하나이고 뿌리의 정단분열조직에서 세포분열에 필요하다. 식물배양 배지에서 붕소는 붕산(boric acid)으로 공급된다.

**코발트(Co; Cobalt)** 코발트가 고등식물에서 직접적인 기능을 하는지는 불분명하다. 그러나 코발트는 0.1 μM 정도 배지에 첨가된다.

**구리(Cu; Copper)** 구리는 단백질에 결합되어 산화-환원 반응에서 주요 기능을 한다. 구리는 배지에 황산동(copper sulphate)으로 0.1 μM 첨가한다. 높은 농도에서는 독성이 있다.

**요오드(I; Iodine)** 요오드는 필수미량원소는 아니지만, 뿌리와 캘러스 생장을 향상시키는 유익원소(beneficial element)이다.

**망간(Mn; Manganese)** 망간은 구조적 역할을 하거나 산화-환원 반응에 작용하는 금속단백질에서 발견된다. 망간은 황산망간(manganese sulphate)으로 5–30 μM 농도로 배지에 첨가된다.

**몰리브덴(Mo; Molybdenum)** 몰리브덴은 질산염을 암모니아로 전환하는 데 관여하는 nitrate reductase와 같은 몇몇 산화환원효소의 보조인자이다. 몰리브덴산나트륨(sodium molybdate)으로 0.1 μM 공급된다.

**아연(Zn; Zinc)** 아연은 탈수소효소와 RNA와 DNA중합효소와 같은 다양한 형태의 식물 효소의 활성에 필요하다. 아연은 황산아연(zinc sulphate)으로 5–30 μM 농도로 배지에 첨가된다.

## 8.2 유기영양소

녹색 식물은 독립영양생물(광합성)이지만, 특히 초기 단계에서 대부분 배양 시스템은 종속영양생물이어서 유기탄소와 에너지가 필요하다. 종종 배양체는 엽록체가 발달하여 광합성을 개시하도록 빛과 함께 배양된다. 유기탄소와 에너지 이외에도, 식물배양체는 건강한 생장을 위하여 여러 가지 복합 유기분자가 필요하다.

*당*

당은 식물배양체에 탄소와 에너지를 공급하기 위하여 첨가된다. sucrose가 식물배양 배지에 사용되는 가장 일반적인 당이지만, glucose, fructose, sorbitol도 몇몇 배지에 사용한다. 이외에도, sucrose는 배지의 삼투퍼텐셜을 맞추기 위하여 무기 영양소와 함께 삼투조절제로 작용한다.

*비타민과 보조인자*

비타민 $B_1$(thiamine)은 몇몇 식물 종의 배양에 유익하다고 생각되지만, 비타민 첨가는 식물세포조직배양에서 필수적은 아니다. 그러나 biotin, pantothenic acid, nicotinic acid(niacin), pyridoxine(pyridoxol; 비타민 $B_6$), folic acid, ascorbic acid(비타민 C), tocopherol(비타민 E) 등이 배지에 첨가되기도 한다. 효모 추출물은 종종 비타민 공급원으로 사용된다.

당 알코올인 *myo*-inositol은 단자엽, 나자식물, 몇몇 쌍자엽을 위한 배지에 자주 사용된다. *myo*-inositol은 세포벽과 세포막 발달에서 중요한 역할을 한다.

*복합적인 유기 추가물*

바나나 파우더와 코코넛의 액체 배유(코코넛 밀크나 코코넛 물로 알려진)와 같은 복합체 첨가는 생장을 향상시키기 위하여 몇몇 배지에 종종 첨가된다. 비록 코코넛 밀크가 생장 조절제와 다른 유기 화합물을 제공한다고 생각되지만, 이 보충물의 어떤 요소가 배양체의 생장을 향상시키는데 효과적인지는 모른다. 이러한 불확실성 때문에, 어떤 전문가는 이러한 확실하지 않은 첨가물 사용을 자제한다.

## 8.3 식물생장조절제

식물의 생장과 분화를 도와주는 식물생장조절제 혹은 식물호르몬은 auxin, cytokinin, gibberellin, abscisic acid, ethylene으로 다섯 가지가 있다. Ethylene은 기본적으로 탈리, 꽃의 노화, 열매 성숙에 관여하며 식물조직배양에는 거의 사용되지 않는다. 다른 4개의 호르몬 중에서 auxin과 cytokinin이 빈번하게 사용되며 gibberellin과 abscisic acid는 가끔 사용된다.

### Auxins

식물에서 주요 auxin은 indole-3-acetic acid(IAA)이다. auxin은 줄기와 뿌리 정단에서 합성되어 식물의 축을 따라 수송된다. auxin의 주된 작용은 세포 신장을 촉진하는 것이다. 줄기 생장은 $10^{-6}$–$10^{-7}$ M auxin에서 촉진되고, 뿌리 신장은 훨씬 낮은 농도($10^{-9}$–$10^{-10}$ M)에서 촉진된다.

Auxin은 세포 분열과 분화도 촉진하지만 cytokinin과 함께 여러 발달 과정을 조절한다. 예를 들면, auxin은 절단된 줄기에서 측근 형성을 유도하고, 캘러스 배양에서 뿌리와 줄기의 분화는 auxin/cytokinin 균형으로 조절된다. 여러 식물에서 볼 수 있는 정아(끝눈) 생장이 우월한 현상인 정단우성도 또한 auxin/cytokinin 균형에 의해 조절된다. auxin을 처리하면 몇몇 종(딸기, 토마토, 호박, 오렌지)에서 단위결실(종자가 없는) 열매 형성이 유도된다. 성숙한 잎, 열매, 꽃의 노화와 탈리는 auxin에 의해 억제된다. 그러나 어린 열매의 탈리는 auxin 처리에 의해 향상된다.

식물세포조직 배양에서 cytokinin과 함께 auxin은 분화와 형태발생을 조절하는 데 사용된다. 그러나 자연적으로 존재하는 auxin은 식물조직배양에서 거의 사용되지 않고, 합성 auxin인 2,4-dichlorophenoxyacetic acid(2,4-D), 1-naphthaleneacetic acid(NAA), indole-3-butyric acid(IBA), $\rho$-chlorophenoxyacetic acid 등이 가장 널리 사용된다(그림 2.5).

Auxin 농도는 식물조직배양에서 중요한 요인이고 최적의 농도는 종에 따라 다양하다. 대부분의 경우, 합성 auxin은 제초제 스크린을 거쳐 처음 확인되었고(2,4-D는 일반적인 제초제이다), 높은 농도에서 심한 비정상적 생장을 유발하거나 완전히 생장이 억제시킬 수 있다.

### *Cytokinins*

Cytokinin은 생장과 발달을 촉진하고 노화를 지연시키고 auxin과 함께 생장과 발달을 조절한다(위 참조). 처음 확인된 cytokinin은 kinetin인데, kinetin은 청어 정자 DNA를 분해한 시료에서 분리되었으며, 담배세포 배양에서 세포분열을 증가시켰다. 그 후 자연에 존재하는 cytokinin인 zeatine은 옥수수(*Zea mays*) 낟알에서 분리되었다. 합성 cytokinin은 질소를 함유하는 purine 염기인 adenine의 $N_6$-치환 파생체이다(그림 2.5). 조직배양 배지에서 가장 빈번하게 사용되는 cytokinin은 kinetin, benzylaminopurine, zeatin, 6-($\gamma$,$\gamma$-dimethylallylamino)purine과 adenine이다.

### *Gibberellins*

식물에서 gibberellin의 주요 작용은 줄기 신장과 개화를 촉진하는 것이다. 또한 gibberellin은 곡물 종자의 배 생장과 발아 초기 단계에 배유에서 저장물의 이동에 관여한다. Gibberellin은 90개 이상의 다른 gibberellin이 식물에서 확인된 매우 큰 집단이다. 각 gibberellin은 $GA_3$와 같이 숫자 아래첨자로 구분된다. 식물조직배양에서 gibberellin은 부정근 형성과 같은 기관발생을 유도하는데 사용된다. $GA_3$, $GA_4$, $GA_7$이 주로 사용된다.

### *Abscisic acid*

식물에서 abscisic acid(ABA)는 수분 스트레스 반응에 관여하고 종자에서 저장 단백질 합성을 유도하고 종자 발아에 관여하는 sesquiterpenoid(15개 탄소)이다. 식물조직배양에서 ABA는 체세포 배발생을 촉진한다.

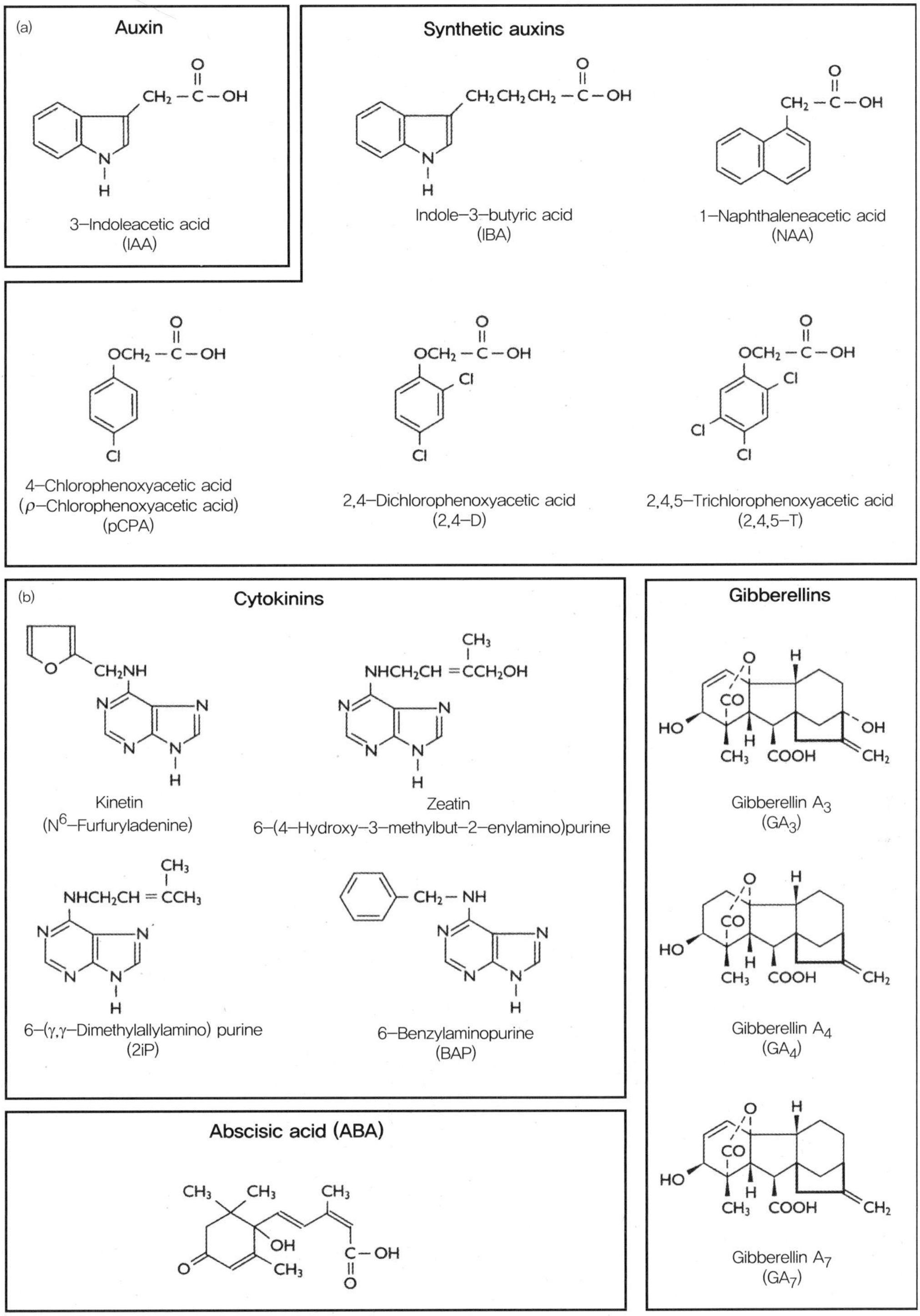


**그림 2.5**

**조직배양 배지에 사용되는 기본적인 식물생장 조절제.** (a) Auxin (IAA)과 합성 auxin, (b) cytokinins, gibberellins and abscisic acid.

## 8.4 지지대

몇몇 식물조직배양 시스템에서 고체나 반고체 지지대는 배지에 접촉하는 동안 절편(explant)을 지지하는데 필요하다. 비록 액체 배지가 여러 배양 시스템에서 유용하지만, 문제는 과수성(hyperhydricity)이다. 과수성 조건에서는 식물조직배양의 생리적, 형태적 무질서를 유발하여 식물이나 조직 생장이 일어나지 않으며, 물의 함량이 높아 생기가 없고 부서지기 쉬운 외형을 가지게 된다. 지지대는 여과지, 폴리프로필렌 부유체, 폴리우레탄의 원반체 등과 같은 물질로 만들 수 있다. 그러나 가장 많이 사용하는 지지대는 agar, agarose, gelatine, gellan gum과 같은 고체화 물질(gelling agent)로 만든 것이다. 어떤 고체화 물질은 과수성을 유도할 수 있다고 알려져 있다.

### *Agar*

Agar는 식물조직배양에서 가장 많이 사용하는 젤이다. Agar는 홍조류(*Rhodophyceae*)에서 추출한 복잡한 다당류이며, agarose(70%)와 agaropectin(30%)인 2분획으로 되어 있다. agarose는 고체화 분획이며 D-galactose와 3,6-anhydrogalactose 단당류 단위체가 교대로 나타나는 중합체로 구성되어 있다. Agaropectin은 비고체화 분획이며 황산화된 D-galactose 단위체의 중합체로 구성되어 있다. agar는 약 100℃에서 녹고 약 35℃에서 고체화된다. agar는 안정적이며, 배지 구성성분과 반응하지 않고 식물 효소에 의해 분해되지 않는다.

### *Agarose*

식물조직배양에서 정제된 agarose(agaropectin이 없는)는 종종 원형질체와 꽃밥 배양과 같이 매우 순수한 지지대가 필수적인 특수한 환경에서 agar 대신 사용된다.

### *Gellan gums*

Phytagel(sigma)과 gelite(Merck)와 같은 gellan gums는 박테리아인 *Pseudomonas elodea*에서 추출한 다당류이다. 고체화 물질은 glucose, glucuronic acid, rhamnose 단위체로 구성된 중합체이다. 오염된 것을 쉽게 눈으로 스크린할 수 있는 무색의 투명한 젤을 만든다. 젤 강도는 2가 양이온($Mg^{2+}$와 $Ca^{2+}$)의 농도에 의해 결정된다. 양이온 농도가 4 mM 이하이거나 8 mM 이상이면 고체화가 일어나지 않는다.

## 더 읽어 보기

**Lack, A.J. and Evans, D.E.** (2001) *Instant Notes in Plant Biology*. Bios, Oxford.

## 참고문헌

**Murashige, T. and Skoog, F.** (1962) A revised medium for rapid growth and bioassays with tobacco tissue cultures. *Physiol. Plant.* **15:** 473-497.

## Chapter 3

The Basics

# 농학, 원예학, 임학에서 조직 배양

## 1. 서론

인간은 10,000-12,000년 전에 농업을 시작하였다. 농업은 야생 식물에서 섬유와 음식을 채집하는 생활 방식에서 계획을 세워 작물을 경작하는 생활 방식으로 변화시켰다. 이러한 변화는 서서히 일어났지만 인류 역사에서 가장 극적인 변화 중 하나였다. 농업이 정착됨에 따라, 인간은 가장 가치가 있는 표현형의 형질을 가지고 있는 변종을 선택하여 보호하고 번식하기 시작하였다. 연작과 번식을 위하여 종자를 심고, 추수하고 저장하는 활동을 통하여 식물은 선택압력(selection pressure)을 받았다. 수천 년에 걸쳐, 이러한 선택압력은 야생식물의 표현형에 변화를 초래하여, 현재 재배하는 작물의 형질을 가진 표현형이 되도록 하였다. 시간이 지남에 따라, 농부가 선택한 작물은 지역의 조건에 적응하고 인류에 의해 '원시재래종'으로 유지되었다. 원시 품종으로 시작하여 수백 년 동안 농부는 본래 자라던 지역을 벗어나 세계의 다른 지역에서 효과적으로 자라는 식물을 만들고 작물을 개량하기 위하여 지나치게 단순화한 교배 방법을 사용하였다. 그러나 이러한 방법에 의한 작물 개량 과정은 느리게 진행되었는데, 멘델의 유전법칙을 적용하는 새로운 과학적 방법이 식물 교배에 도입되는 20세기 초까지 이 과정은 서서히 진행되었다. 1970년 대 초까지 30-40년 동안, 특수한 형질을 위한 교배 방법은 작물의 생산을 개선하고, 병충해와 질병에 대한 저항성을 향상시켜 농학에 중요한 공헌을 하였다.

종자로 증식되는 새로운 유전자형을 만들기 위하여 식물 육종은 선별된 식물의 유성생식적 재조합에 의존한다. 수 세기에 걸쳐 식물 육종 방법의 진화와 병행되어 무성(영양) 번식을 위한 기술이 개발되었다. 무성 번식에서 새로운 식물은 단일 부모식물의 정확한 복사본 혹은 클론이다. 클론 번식의 고전적인 농학적 방법으로는 출아와 접목, 꺾꽂이, 구근, 구경, 뿌리줄기, 괴경 등이 있다.

1970년대 초부터, 개선된 *in vitro* 재배의 방법과 새로운 분자 생물학적 방법의 결과로, 식물세포조직 배양은 식물 육종과 영양 번식(미소대량증식)에 큰 영향을 미쳤고, 생식질의 보존과 저장을 단순화시켰다. 더 나아가 DNA를 삽입하여 유전자 도입 식물을 만들 수 있는 식물형질전환 기술의 성공을 위하여 식물조직배양은 필수적이었다. 식물 바이오테크놀로지라고 알려진 이러한 방법의 응용은 농학, 원예학, 임학에서 상업적인 응용뿐만 아니라 기초 과학 연구를 위한 여러 용도의 기초가 되었다. 이 장에서 이러한 응용에 대하여 살펴보고, 다음 장(4장)에서는 유전자 조작에 대하여 자세히 설명하고자 한다.

## 2. 미소대량증식(micropropagation)

미소대량증식은 '모식물(mother plant)'의 조직 절편에서 수많은 동일한 복사본 식물을 생산하는 조직배양 기술이다. 가장 단순한 경우를 살펴보면, 성숙한 식물에서 분열조직을 무균상태에서 떼어내어 미네랄, 필수 비타민, 적절한 식물호르몬(2장)이 들어 있는 살균된 배지에 놓는다. 원하는 기관이나 조직의 형성은 식물호르몬의 작용으로 유도된다. 일반적으로 줄기 발달은 적절한 배지에 놓아 유도하고, 유도된 후 줄기를 분리하여 뿌리를 내리는 배지(10장과 11장)에 놓으면 뿌리가 생겨나 완전한 소식물체가 형성될 것이다. 이러한 소식물체는 유전적으로 동일하므로 그 결과 클론증식(영양증식)이 된다.

미소대량증식은 전통적인 증식방법과 비교하여 보다 짧은 시간에 많은 수의 유전적으로 동일한 식물을 생산할 수 있는 큰 장점이 있다. 새로운 형질전환 식물을 빠르게 증식시킬 수 있어 유전자 조작 실험에서 매우 중요하다. 4장).

식물 1,000 여종에 걸쳐 미소대량증식이 성공적으로 적용되었다. 대부분은 관상용 식물이지만, 작물이나 나무에 적용할 수 있다. 미소대량증식은 여러 경우에 특히 유용하다. 첫 번째는 영양적으로 번식하기가 힘들거나 종자의 발아가 어려운 경우이다. 이 경우에 포함되는 것은 난과 같은 관상용 식물이다. 두 번째, 식물 번식이 느리고 나무의 경우에 원치 않는 유전적 변이가 도입되는 경우이다. 세 번째는 고전적인 증식에 의해 전염되어 식물 전체에 퍼지는 질병에 의해 종의 생산이 제한되는 경우이다.

### 2.1 상업적인 미소대량증식

상업적인 미소대량증식은 선별된 여러 유전형의 복사본을 생산하는 데 유용하다. 부모 식물에서 매우 작은 부분을 떼어 내기 때문에 식물은 파괴되지 않고 희귀하거나 특이한 식물을 시작 물질로 사용할 수 있다. 줄기 정단, 측아, 뿌리와 같은 조직 절편을 줄기가 많이 분화되는 배지에 놓는다. 이 줄기를 분리하여 뿌리를 내리는 배지로 옮겨 소식물체를 만든다. 눈이나 줄기를 반복적으로 계대배양을 하여 원래 식물과 유전적으로 같은 식물을 *시험관 내*에서 많이 생산할 수 있다. 이 소식물체는 전통적인 원예나 농업적 환경에서 생존이 가능한 식물로 전환되기 위하여 무균 조건에서 벗어나야 한다.

미소대량증식을 운영하는 단계는 노동 집약이고 반복적인데, 어떤 생산 시스템에서는 자동화를 도입하여 속도, 살균성, 노동비용 등에서 이익을 달성하였다. 전통적인 증식 방법과 비교하여 *시험관 내* 미소대량증식의 생산 비용은 비싸지만 다음과 같은 이점으로 보상된다.

- 짧은 증식 주기로 인한 빠른 증식
- 난과 같은 고부가 가치 관상용 식물과 나무나 관목의 대량 증식
- 많은 식물의 저장과 운송
- 식물 생산은 계절과 관계가 없다.

- 공급이 수요의 변화에 빠르게 대처할 수 있다.

미소대량증식 기술은 다수확성 개체나 질병 저항성 개체의 클론을 생성하는 데 사용된다. 몇몇 종은 유전적으로 다양한데 이는 질병에 대한 저항성을 생각하면 장점이지만, 상업적인 생산의 생산성은 제한 요인이 된다. 오랜 기간이 지난 후에 생산성이 결정되는 식물, 즉 여러 해 동안 상업적인 작물의 생산이 시작되지 않는 나무나 관목에서는 문제가 커지게 된다. 대부분 나무(나자식물과 피자식물)와 바나나(*Musa* spp.)와 같은 농장 작물과 기름야자식물(*Elaeis guineensis*) 등은 높은 수준의 유전적 변이를 보이고 특히 이들은 작물학적 특징(우수한 식물)으로 선택되어 식물의 영양 증식에 적절하였다.

이러한 방법으로 처음 개량된 재배종은 기름야자식물이다. 아프리카, 말레이시아, 인도네시아에서 광범위하게 자라는 기름야자식물은 세계의 기름종자 생산의 20%를 차지한다. 생산성은 그루 당 30% 정도 차이가 나며, 매년 3천만 그루가 대체된다. 절대 타가수분을 하며 증식은 종자에 의해서만 이루어지는 이 식물에 고전적인 영양 증식 방법(꺾꽂이, 접목 등)은 사용할 수 없다. 종자에서 자란 식물의 실질적인 이질성 때문에 가치 있는 작물학적 특징은 클론선택과 영양증식에 의해서만 고정될 수 있다. 선택한 식물의 대규모 영양 증식은 체세포 배발생을 이용하여 이루어진다. 기름야자나무 증식프로그램은 생산성 향상, 기계적인 수확의 용이성, 질병저항성을 중심으로 이루어졌다.

이와 유사한 선택의 원리는 다른 많은 작물의 미소대량증식을 위하여 사용된다. 예를 들면 바나나 과의 식물은 일 년에 8천5백만 톤 이상을 생산하는 다습한 열대의 주요 작물이다(FAO, 1999). 이 중에 10%는 수출되고, 나머지는 토착 인구를 위한 주요 산물이다. 바나나 작물(*Musa* spp.)은 전통적인 교배 방법에 의한 식물 개량은 여러 문제를 야기한다. 바나나 식물은 일반적으로 3배체이므로 불임이다. 바나나 식물은 종자에서 종자를 맺기까지 2년이 걸리고 포장실험은 넓은 공간이 필요하다. 줄기 정단을 기초로 한 바나나 식물의 미소대량증식은 수많은 해충과 질병이 없는 식물을 생산하도록 한다. 다른 방법과 함께, 생산자들이 선호하는 생장이 빠르고 생산성이 높은 식물의 생산이 가능해졌다(Crouch *et al*., 1998).

난, 관상용 식물, 대추(*Phoenix dactilyfera*), soft coconuts(*Cocos nucifera*), 카다몬(소두구)(*Elettaria cardamomum*), 유칼립투스(*Eucalyptus globulus*), 중국 전나무(*Cunninghamia lancolata*), 등나무(*Calamus spp.*), 3배체 수박(*Citrullus lanatus*) 등이 미소대량증식을 이용하여 상업적으로 생산된 종이다.

## 2.2 바이러스가 없는 식물의 생산

식물 바이러스는 식물체 전체에 퍼지며 전통적인 증식 방법으로 전파된다. 분열조직은 바이러스가 없다는 사실이 알려지고 1950년대 바이러스가 없는 *Dahlia*가 처음 생산되었다. 1950년 대 말에 이 기술은 감자(*Solanum tuberosum*)에서 paracrinkle virus를 제거하는 데 사용되었다. 계속하여 이 기술은 바나나, 대황(*Rheum raponticum*), 딸기(*Fragaria* spp.), 감귤류, 파파야(*Carica papaya*), 사과(*Malus* spp.), 앵두(*Prunus aidum*), 배(*Pyrus communis*), 포도(*Vitis vinifera*), 고구마(*Ipomea hatatas*), *Allium* spp., 타로(*Colocasia esculentus*), 사탕수수(*Saccharum officinarum*), 국화(*Chrysanthemum coronarum*), 카네이션(*Dianthus caryophyllus*)와 같은 관상용 식물, *Lillium* spp.와 같은 광범위한 작물이나 관상용 식물에 성공적으로 적용되었다. 분열조직은 식물의 나머지 부분과 직접적으로 관다발 연결이 안 되어 있고, 계속 생장하여 오래되고 감염된 조직으로부터 멀어지기 때문에 바이러스가 없다. 또한, 바이러스의 이동은 분열조직 근처에 있는 원형질연락사를 통하여 제한된다.

바이러스가 없는 식물을 생산하기 위하여, 감염된 식물의 줄기 끝이나 측아에서 바이러스가 없는 분열조직을 배양하여 새로운 식물을 생산한다. 배양이 성공하기 위하여 종에 따라 다양하지만 절편의 크기는 매우 중요한 요인이다. 바이러스가 감염된 조직을 제거하기 위하여 가능한 한 크기가 작아야 하지만, 재발생을 위하여 어느 정도 크기가 커야한다. 필요하다면 조직에 남아있는 바이러스를 죽이기 위하여 열처리를 하거나 malachite green이나 thiouracil과 같은 항 바이러스제에 배양하기도 한다. 이 기술을 변형한 미세접목(micrografting)이라는 기술은 바이러스가 없는 과일 나무를 생산하기 위하여 사용된다. 이 과정을 살펴보면, 살균하여 바이러스 없는 액아(곁눈)를 살균한 상태에서 자란 근경(rootstock)에 접목한다. 감자와 딸기는 각 계절마다 바이러스가 없는 근경의 공급에 의존하여 상업적으로 생장한 작물의 예이다.

## 2.3 체세포 배발생과 번식체(propagule)

지금까지 설명한 조직배양 기술에서 소식물체는 주로 분열조직 배양에서 생산된다. 이에 대한 대안으로, 배발생 캘러스(6장) 혹은 현탁배양체(7장)와 같은 조직배양체에 의해 배가 생산될 수 있다. 현탁배양체는 대규모로 배양할 수 있어서 많은 배를 생산할 수 있다. 형성된 배는 유전적으로 동일하고 접합자(종자) 배와 같이 사용될 수 있다. 그러나 종자는 배 생존을 향상시키고 증식을 촉진하는 복잡한 영양계와 보호계로 이루어져 있다. 보호계가 없는 체세포 배는 종자를 기계로 파종하는 상업적인 농업과 원예에서는 사용하기가 어렵다. 이 문제를 극복하기 위하여 수화젤로 배를 둘러싸서 인공 번식체(혹은 위종자)를 개발하였다. 이러한 인공 번식체는 토마토, 아스파라가스(*Asparagus officinalis*), 셀러리(*Apium graveolens*)와 같은 식물과 작물, 그리고 백합, 진달래, 아프리카 제비꽃과 같은 관상용 식물을 위하여 생산되었다. 기계를 사용한 파종에도 성공적으로 이용될 수 있다.

체세포 배발생에 기초한 미소대량증식은 또한 고무나무, 사탕수수, 감자, 플란테인 등과 같은 여러 주요 작물의 상업적인 증식을 위하여 세계적으로 이용되고 있다. 또한, 임업과 혼농임업에 광범위하게 응용되고 있다. 유칼립투스, 포플러, 대나무, 티크, 가문비나무, 소나무와 같은 나무는 모두 상업적으로 미소대량증식을 하고 있다(FAO, 1995). 표 3.1은 캐나다 산림청에서 이 방법으로 현재 생산한 삼림수를 나타낸다.

표 3.1 캐나다 산림청에서 미소대량증식방법으로 생산된 삼림수(nrcan, 2002)

| | |
|---|---|
| White spruce | *Picea glauca* (Moench) Voss |
| Black spruce | *Picea mariana* (Mill.) BSP |
| Red spruce | *Picea rubens* Sarg |
| Tamarack | *Larix laricina* (Du Roi) K. Koch |
| European larch | *Larix decidua* Mill |
| Hybrid larch | *L. decidua* Mill × *Larix leptolepis* (Siebold & Zucc.) Gord. |
| Eastern white pine | *Pinus strobus* L. |
| Jack pine | *Pinus banksiana* Lamb. |

## 3. 식물 육종

지난 25년에 걸쳐, 다른 방법과 혼합된 조직배양 방법이 식물 육종에 적용되었다. 많은 육종 프로그램에서 전통적인 방법, 새로운 기술 혹은 전통적인 방법과 새로운 방법이 혼합된 방법을 사용하는 것이 이제는 가능하다. 이 절에서 조직배양 기초 방법과 이 적용이 다른 기술과 어떻게 혼합되는지에 대하여 설명할 것이다. 식물 개량을 위한 유전적 변이의 근원은 그림 3.1에 요약하였다.

### 3.1 *시험관 내* 선택(*in vitro* selection)

*시험관 내* 선택의 개념은 질병, 곤충, 제초제, 스트레스에 대한 저항성을 위하여 세포 배양체를 검사하여 식물에서 일어난다고 알려진 유전적 변이를 탐색하는 것이다. 일반적으로 *시험관 내* 선택의 과정은 배양을 하면서 세포가 적절한 선택압력을 받게 하고 스트레스에 저항성이 있는 변종 세포주를 다시 찾는 과정이 포함된다. 그리고 이 변종 세포주는 완전한 식물로 재발생시키기 위하여 사용된다. 이 기술은 캘러스에서 재발생되는 확실한 방법이 필요하고 배양에서 미분화된 세포에 의해 나타나는 저항성은 온전한 식물체에서 똑같이 발현되며, 전통적인 식물 육종에 의해 자손에게 전달될 수 있다는 사실을 전제로 한다.

제초제 저항성에 대한 선택을 위하여 *시험관 내* 검사를 사용하는 것은 특히 제초제가 규정 농도로 첨가되기 때문에 특히 효과적이다. 그러나 세포 수준에서와 마찬가지로 온전한 식물체에서도 같아야 하기 때문에 제초제의 작용 방식은 또한 중요한 요인이다. 제초제 저항성은 여러 식물에서 제초제 범위에 따라 *시험관 내* 검사에 의해 선택되었다. 예를 들면, 당근에서 glyphosate 저항성은 배지에 glyphosate 농도를 증가시키며 계대배양을 반복할 수 있는 당근 현탁배양을 통하여 선택되었다(Shyr and Widholm, 1990). 밭에서 재발생된 식물도 glyphosate에 저항성이 있었다.

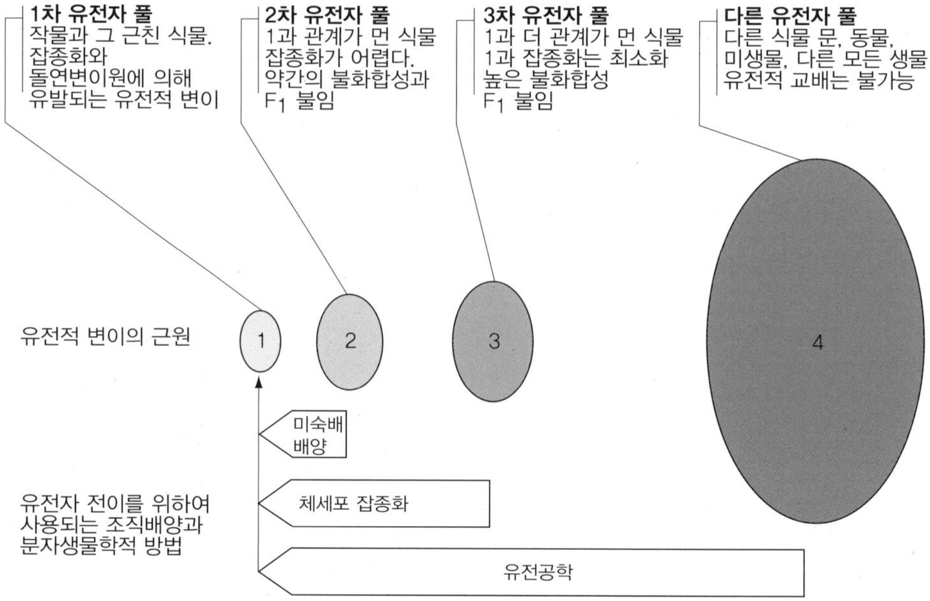


**그림 3.1**

**작물 개량에 이용할 수 있는 유전적 변이의 근원과 유전적 전이에 사용할 수 있는 방법을 요약한 모식도.** 이 모식도에서 유전자 풀의 분리는 잡종화의 상대적 용이성을 근거로 하였다.

식물 병원균에 대한 저항성을 위한 *시험관 내* 검사는 병원체에 의해 생산된 식물독소 화합물에 의해 질병이 일어나면 가장 성공적이다. 예를 들면 화합물이나 유사체에 대한 저항성을 스크린하여 벼에서 *Helminthosporium oryzae*에 대한 저항성과 같이 많은 박테리아와 균류가 일으키는 질병에 저항성이 있는 식물을 선택하였다(Vidhyasekaran *et al.*, 1990).

식물 집단에서 유전적 변이의 빈도는 돌연변이 유발에 의해 증가되고 돌연변이를 유발하는 물질은 원하는 변종을 선택하기 위하여 *시험관 내* 검사의 대상이 될 수 있다. 다음과 같은 처리에 의해 돌연변이가 일어날 수 있다.

- 이온화 방사선
- 화합물
- 세포와 조직 배양 요법(체세포영양계 변이)

### *화합물과 이온화 방사선에 의해 유도되는 돌연변이 유발*

식물 유전체에 돌연변이 유발을 유도하기 위하여 몇 가지 화합물이 사용된다. 가장 많이 사용하는 화합물은 알킬화제이고, 가장 선호하는 알킬화제는 ethyl methane sulfonate(EMS)이다. 이온화 방사선은 중성자, β-방사선 혹은 X-선이다. 종자에 돌연변이가 유발되고 발아한 후, 적절한 형질을 가진 자손을 선택한다. 자손은 빠르게 미소대량증식이 되고 작물 중에서 원하는 형질을 가진 돌연변이의 유용한 형질과 결합하기 위하여 다른 세포주와 역교배를 한다. 약 2,000개의 작물 품종이 돌연변이 유발에 의해 만들어졌고 FAO는 작물 육종을 위하여 유용한 품종에 대한 목록을 작성하였다(FAO, 2002). 유채(*Brassica napus*), 밀(*Triticum* spp.), 흰콩(*Phaseolus vulgaris*), 보리(*Hordeum vulgare*)와 같은 작물의 현재 세포주는 돌연변이 세포주와 교배한 것이다. 그래서 식물 유전공학에서 돌연변이 유발에 대한 관심이 줄어들고 있지만 아직까지 중요한 기술 중의 하나이다.

*체세포영양계 변이(somaclonal variation)*

세포조직 배양에서 유래한 유전적으로 동일한 클론이 성숙되면, 몇몇 개체는 크기, 생산량, 색 등과 같은 특징에서 변화를 나타낸다. 어떤 변이는 유용하고, 어떤 변이는 유해하기도 하다. 이런 변화를 체세포영양계 변이라고 하며 작물 개량의 선택-육종 프로그램의 일부분으로 이용하기도 한다. 체세포영양계 변이는 추가적인 유전적 변이가 만들어지도록 유도한다. 체세포영양계 변이는 식물 육종 분야에서 1980년대와 1990년대에 광범위하게 사용되었다. 변이율은 자연 돌연변이율을 초과하는데 이는 세포조직배양 기술이 미소대량증식된 식물의 유전체에 미치기 때문이다. 대부분 변이는 염색체의 불안정성을 일으키고 불안정성의 정도는 종종 세포가 배양된 시간의 길이와 관계가 있다. Larkin과 Scowcroft(1981)의 초기연구에서 체세포영양계는 작물 개량을 위한 돌연변이를 일으킬 수 있다고 제시한 이후, 이 방법은 다양한 품종에 적용되었다. 체세포영양계 변이가 작물의 품질 개량에 사용된 예는 많다. 이러한 예로는 멜론(*Cucumis melo*), 딸기와 벼(*Oryza sativa*)(질병 저항성과 품질과 염도 저항성), 사탕수수(질병 저항성), 바나나, 밀, 보리, 옥수수, 토마토(질병 저항성), 배추속 식물(발달과 돌연변이)등이 있다. 변종의 유전적 불안정성 때문에 현재 상업적으로 체세포영양계 변종은 거의 사용되지 않으며, 작물의 품질개량을 위한 전략은 이제 의문이 제기되고 있다(12장 참조). 체세포영양계 변이는 또한 클론 동질성이 요구될 때, 즉 조직 배양이 선택한 유전자형의 증식을 위해 이용될 때는 불리하다.

## 3.2 체세포 잡종화(somatic hybridization)

식물 육종을 위한 새로운 세포조직배양 기술은 원형질체 융합에 의한 체세포 잡종을 만드는 것이다. 원형질체는 효소 분해 작용으로 세포벽이 제거된 식물세포이다(8장 참조). 원형질체는 온전한 세포를 만들기 위하여 새로운 세포벽이 자라며 이론적으로 각 원형질체는 완전한 식물로 재발생될 수 있다.

체세포 잡종화 개념은 원형질체가 서로 밀접하게 되면, 종종 서로 융합한다는 사실에 근거를 두고 있다. 그 후, 짧은 전기 충격이나 polyethylene glycol(PEG)과 같은 화합물을 첨가하면 융합이 잘 일어난다는 것을 알게 되었다.

다른 종에서 유래한 원형질체의 융합은 소위 체세포 잡종이라는 것을 만든다. 체세포 잡종화는 유성생식적으로 부적합한 종 사이에 생체 내 잡종화를 막는 것을 피하게 하는

*in vitro* 기술이다. *Nicotiana*의 2종 사이에서 처음 융합이 성공하였고(Carlson *et al.*, 1972), 곧 토마토와 감자에서 유래한 체세포 잡종과 같은 융합이 보고되었다(Melchers *et al.*, 1978).

체세포 잡종화가 새로운 품종 발달에 중요한 역할을 할 것이라는 초기 예상은 실현되지 않았다. 그러나 매우 가까운 종의 체세포 잡종화에서 몇몇 중요한 적용이 이루어졌다. *Nicotiana tabacum*과 *Nicotiana rustica*를 융합하여 청색 곰팡이와 검은 뿌리 썩음병에 저항성이 있으며, 니코틴과 타르의 함량이 다양한 담배 식물을 생산하였다(Pandeya *et al.*, 1986). 체세포 잡종화는 감귤류에도 광범위하게 사용되었는데, 예를 들면 유성생식적으로 부적합한 종인 *Citrus reticulata*와 *Citropsis gilletiana* 사이에 종간 잡종화를 만든 것이다(Grosser *et al.*, 1990). 사과 종 사이에서도 잡종이 만들어졌다(Saito *et al.*, 1989).

반수체인 원형질체의 융합은 육종 프로그램 기간을 단축하는데 이용되었으며, 한 종의 핵 유전체와 다른 종의 세포질 유전체(미토콘드리아와 엽록체)의 융합은 소위 세포질체잡종(cybrid; cytoplasmic hybrid)이라고 하는 융합 생산물을 만들었다. 세포질체잡종은 잡종 육종을 위한 세포질성 웅성 불임주(cytoplasmic male sterile; CMS)를 만들어 특히 관심을 받고 있는데, CMS 형질은 미토콘드리아에 의해 전달되기 때문이다. 벼의 CMS 세포질체잡종이 만들어져 잡종 종자 생산에 사용되고 있으며(Kyozuka *et al.*, 1989), 유사한 세포질체잡종은 다른 작물에서 만들어졌다(FAO, 1995).

## 3.3 반수성

반수체 식물(염색체를 한 세트(n)만 가지고 있는 식물)을 만드는 것은 식물 육종에 대한 조직배양의 주요 기여 중의 하나이다(9장 참조). 반수체 식물은 화학 처리에 의해 염색체 수를 2배로 유도할 수 있으며, 2배가 된 반수체(2성 반수체; dihaploid)는 모든 유전자가 동형접합성이다. 2성 반수체는 $F_1$ 잡종의 육종을 위한 부모식물로 적절하고 열성 형질을 쉽게 선택할 수 있다. 조직배양 기술은 반수체를 만드는데 필요한 시간을 급격하게 줄여서 육종 프로그램을 단순화시켰다. 반수체를 만들기 위하여 다음과 같이 두 가지 *시험관 내* 방법을 주로 사용한다.

- 약(꽃밥) 배양
- 미소포자의 배양

두 경우 모두 배발생은 배양체에서 유도되고 배는 완전한 식물로 재발생시키기 위하여 사용된다(9장).

반수체는 생산을 증가시키기 위하여 식물 육종에서 이용되었고 성숙되는 시간과 무생물적 스트레스에 대한 저항성과 같은 형질을 향상시켰다. 반수체 육종에서 유래한 품종의 예가 많이 있다. 중국은 특히 벼, 밀, 담배, 고추의 새로운 품종에 대하여 활발하게 연구하고 있다. 1995년에 1.5백만 헥타르에서 대부분 반수체 기술에 의해 생산된 벼와 밀이 재배되었다(FAO, 1995). 그 외의 다른 지역에서 벼, 배추(*Brassica rapa*), 브로콜리(*Brassica oleracea*), 보리, 옥수수, 담배, 딸기 아스파라거스 등이 반수체 육종으로 만들어졌다.

### 3.4 미숙배배양(embryo rescue)과 배양

미숙배배양은 식물조직배양 기술 중에서 처음으로 성공한 기술이다. 1904년에 Hannig은 무균 기술을 사용하여 십자화과 식물인 *Raphanus*와 *Cochleria*의 성숙한 배를 배양하였다. 배배양의 기본적인 응용은 일반적으로 종간 교배로 인하여 생존 가능한 종자로 발달하지 못하는 배를 구제하는 것이다. 이러한 교배에서 후접합적 부적합성 기작은 배의 초기 유산을 유발한다. 이러한 배발달에 대한 장애는 발달하는 종자에서 유래한 미성숙 배를 분리하여 잡종 식물을 생산할 수 있도록 *시험관 내*에서 배양하여 극복할 수 있다. 원연교배와 미숙배배양은 야생종으로부터 작물 종에 이르기까지 질병 저항성, 스트레스 내성, 혹은 높은 생산성과 같이 가치 있는 형질을 전달하는 데 중요한 도구이다.

## 4. 생물다양성과 생식질 보존

20세기 후반에 생산성이 높은 우수한 클론을 대규모로 재배하여 생산성 증가에 중점을 두어 농업 생산을 강화 시킨 결과 농업에서 사용하는 종의 수와 유전적 다양성 모두 감소하였다. 작물 균일성과 야생 연관종에서 발견되는 유전적 다양성의 결여는 부모세대의 정보를 끌어내는 유전자 풀을 제한하였다. 유전자 기반이 제한된 결과, 해충, 질병, 불리한 무생물적 요인에 대한 작물의 취약성이 증가하였다. 가뭄, 척박한 토양에 대한 저항성을 증가시키고, 질병에 대한 내성을 증가시키고, 생산량을 향상시키고, 영양적 질을 향상시키기 위하여 야생식물과 재배식물의 유전적 자원이 모두 앞으로 수십 년간 농업적으로 가치 있는 유전자의 넓은 풀을 구성한다는 것을 서서히 인지하고 있다. 이 문제를 해결하기 위하여, 식물 유전자 자원을 모으고 보존하며, 장기간에 걸친 생식질 보관과 유지를 위한 기술을 개발하기 위하여 전 세계적으로 노력하였다.

보존할 작물의 유전적 자원의 주요 범주는 다음과 같다.

- 작물의 야생 유연종의 생식질
- 전통적인 육종 프로그램에서 유래한 생식질
- 생명공학적으로 얻어진 생식질

야외유전자은행이 작물 보존을 위한 중요한 수단이라 해도, 종자의 저장은 생식질 보존을 위하여 가장 널리 사용되는 방법이다. 전통적으로 건조시킨 종자는 냉장실에서 저온으로 저장된다. 그러나 많은 종은 탈수나 저온을 견디지 못하거나(예를 들면, 커피), 혹은 영양적으로 번식(바나나)하기 때문에 이 방법으로 보존할 수가 없다. 식물조직배양은 생식질의 *시험관 내* 수집(*in vitro* collecting)과 *시험관 내* 보존(*in vitro* conservation) 모두를 위한 대체 시스템이다.

## 4.1 *시험관 내* 수집(*in vitro* collecting)

기본적으로 *시험관 내* 수집의 기술은 *시험관 내* 과정을 위하여 식물조직배양 실험실로 옮기기 전에 야외에서 절편을 취하고 오염물질을 제거하고, 살균된 배양 배지에 놓은 것을 포함한다(Hamill *et al*., 1993). 이 기술은 특히 급격하게 악화되어 다루기 힘든 종자나 배를 가진 종에 효과적이다.

## 4.2 *시험관 내* 배양(*in vitro* culture)과 생식질 저장

*시험관 내* 배양은 절편에서 질병이 없는 배양체를 확립하고 오랜 기간 동안 적절한 조건에서 저장하는 장점이 있다. 예를 들어, 바이러스 감염은 2.2절에서 설명한 바와 같이 분열조직 배양에 의해 제거될 수 있다. 게다가, 질병이 없는 배양체로 저장하는 생식질은 격리 구속을 할 필요 없이 국가 사이에 쉽게 이동될 수 있다.

*시험관 내* 배양 수집은 현탁배양과 캘러스배양 혹은 배나 분열조직과 같이 조직화된 조직 배양체와 같은 탈분화된 세포배양으로 이루어질 수 있다. 배양체는 느린-생장저장법(slow-growth storage)이나 냉동보존으로 유지된다.

느린-생장저장으로 계대배양의 빈도를 줄이고 노동력과 배지 비용을 절약할 수 있다. 느린 생장은 낮은 온도(2-8℃), 낮은 빛과 산소, 건조 혹은 생장 지연을 위한 최소 배지 등을 포함하는 다양한 방법으로 수행할 수 있다.

냉동보존은 액체질소의 온도(-196℃) 근처의 온도에서 배양조직을 저장하는 것이다. 이 온도에서는 모든 세포 작용은 정지하고 생식질은 오염의 위험 없이 매우 긴 기간 동안 저장될 수 있다. 냉동보존은 저온보호물질을 사용하거나, 통제된 냉각실을 사용하거나, 급속 냉동 후 탈수를 하는 등 여러 방법으로 수행된다(Benson *et al*., 1998).

*시험관 내* 저장 기술은 식물 육종을 위한 생식질 저장 이상의 것을 할 수 있다. 즉, 희귀하고 멸종 위험에 있는 종의 물질을 유지할 수도 있다.

### 참고문헌

**Benson, E.E., Lynch, P.T. and Stacey, G.N.** (1998) Advances in plant cryopreservation technology current applications in crop plant biotechnology. *AgBiotech News and Information,* Vol 10, No. 5, 133N-142N. AgBiotechnet.com

**Carlson, P.S., Smith, H.H. and Dearing, R.D.** (1972) Parasexual interspecific plant hybridization. *Proc. Natl. Acad. Sci. USA* **69**: 2292-2294.

**Crouch, J.H, Vuylsteke, D. and Oritiz, R.** (1998) Perspectives on the application of biotechnology to assist the genetic enhancement of plantain and banana (*Musa spp.*) *Electronic J. Biotechnol.* **1**: 11-22.

**FAO** (1995) Research and Technology Paper 6. ISBN 92-5-103626-8, http://www.fao.org/docrep/V4845E/V4845E00.htm

**FAO** (1999) Committee on commodity problems. Intergovernmental group on bananas and tropical fruit. Protections for supply and demand of bananas to 2005. ftp://ext.ftp.fao.org/waicent/pub/ccp/bntf99/x1065e.pdf

**FAO** (2002) http://www-mvd.iaea.org/MVD/default.htm

**Grosser, J.W., Gmitter, F.G., Tusa, N. and Chandler, J.L.** (1990) Somatic hybrid plants from sexually incompatible woody species: *Citrus reticulata* and *Citropsis gilletiana. Plant Cell Rep.* **8**: 656-659.

**Hamill, S.D., Sharrock, S.L. and Smith, M.K.** (1993) Comparison of decontamination methods used in initiation of banana tissue cultures from field-collected suckers. *Plant Cell, Tissue Organ Cult.* **33:** 343-346.

**Kyozuka, J., Kaneda, T. and Shimamoto, K.** (1989) Production of cytoplasmic male sterile rice (*Oryza sativa* L) by cell-fusion. *Bio-Technology* **7**: 1171-1174.

**Larkin, P.J. and Scowcroft, W.R.** (1981) Somaclonal variation - a novel source of variability from cell cultures for plant improvement. *Theor. App. Genet.* **60**: 197-214.

**Melchers, G., Sacristan, M.D. and Holder, A.A.** (1978) Somatic hybrid plants of potato and tomato regenerated from fused protoplasts. *Carlsberg Res. Commun.* 43: 203-218.

**nrcan** (2002) http://www.nrcan.gc.ca/cfs/proj/sci-tech/biotechnology/treepr_e.html

**Pandeya, R.S., Douglas, G.C., Keller, W.A.** *et al.* (1986) Somatic hybridization between *Nicotiana rustica* and *Nicotiana tabacum* - development of tobacco breeding strains with disease resistance and elevated nicotine content. *Z. Pflanzenzuchtung - J. Plant Breeding* **96:** 346-352.

**Saito, A., Niizeki, M. and Saito, K.** (1989) Organ formation from calli and protoplast isolation, culture, and fusion in apple, *Malus pumila* Mill. *Jpn. Soc. Horticult. Sci.* **58**: 483-490.

**Shyr, Y.Y. and Widholm, J.M.** (1990) Glyphosate resistance and gene amplification in selected *Daucus carota* suspension cultures. In: *Progress in Plant Cellular and Molecular Biology* (eds H.J.J. Nijkamp, L.H.W. Van Der Plas and J. Van Aartrijk). Kluwer, Dordrecht, 148-152.

**Vidhyasekaran, P., Ling, D.H., Borromeo, E.S.** *et al.* (1990) Selection of brown spot-resistant rice plants from helminthosporium-oryzae toxin-resistant calluses. *Ann. Appl. Biol.* **117**: 515-523.

## Chapter 4

The Basics

# 유전공학과 생명공학에서의 조직 배양

## 1. 서론

3장에서 설명한 여러 가지 응용 이외에도, 식물조직배양은 새로운 특징을 가진 형질전환식물의 유전공학을 위하여 필수적이다. 식물에서 외래 유전자 도입과 발현에 대한 기술적인 과정은 1984년 담배에서 처음 설명되었다(De Block *et al*., 1984). 이후에 이 기술은 120종 이상으로 확장되었고, 여러 지역에서 형질전환 작물이 재배되고 있다.

20세기에는 식물 육종이 가치가 있는 형질을 가진 재배 식물을 만드는 전통적인 방법이었다. 선택적 식물 육종(잡종화)은 잡종인 자손에서 원하는 형질과 그에 따른 조합을 가진 2개 이상의 개체에서 원하는 유전자를 가져오는 것이다. 선택적 식물 육종은 여러 특수한 육종 목적을 달성하기 위하여 돌연변이를 일으키는 방법과 응용 멘델 유전학이 결합하였다. 예를 들면, 작물의 생산성은 증가하였고, 미적 특징과 같은 품질 형질은 향상되고 질병과 해충에 대한 저항성이 도입되었다.

전통적인 식물 육종에 의해 새로운 유전자형 식물을 만드는 것은 주로 생식 세포에서 감수분열 중에 일어나는 기작에 의존한다. 반대로, 현대 생명공학적 방법은 생식 주기를 거치지 않으며 체세포에 원하는 유전자를 직접 도입하여 새로운 유전자형을 생산한다(그림 4.1). 뿐만 아니라, 조직 배양과 연관성이 없는 생물체 사이에 DNA를 교환하는 분자생물학의 발달로 식물 이외의 생물체에서 유래한 새로운 유전자를 수용체인 식물로 도입할 수 있었다. 게다가, 통합에 의한 식물 유전체의 변이와 외래 DNA의 발현(유전공학)은 전통적인 식물 육종 방법에 의해 더 개발할 수 있는 새로운 유전자형(형질전환 식물) 생산을 유도한다.

## 2. 유전공학

형질전환 식물을 만들기 위하여 다음 4단계가 필요하다.

(i) 본래의 생물체에서 관심 있는 유전자의 확인과 분리
(ii) 분리한 유전자를 플라스미드에 통합시키고 박테리아의 증식(클로닝)
(iii) 표적식물의 세포로 복제 유전자의 삽입
(iv) 새로운 식물이 될 형질전환된 세포의 선택과 생장

각 단계는 특수한 실험기구와 실험방법이 필요하다.

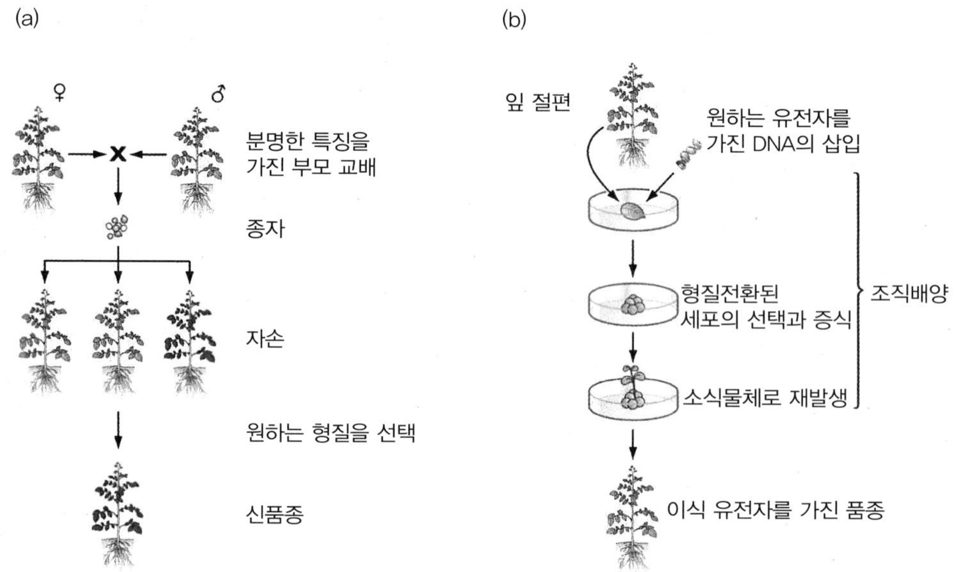


**그림 4.1**

**전통적인 식물 육종 방법에 의한 신품종 생산(a)과 유전공학에 의해 이식 유전자를 가진 품종을 생산(b)하기 위해 필요한 단계의 비교.**

## 2.1 원하는 유전자의 확인과 분리

유전공학에서 필수적인 첫 번째 단계는 관심 있는 단백질을 암호화하는 특수한 유전자를 발견하고 복제를 하는 것이다. 현재 원하는 유전자를 포함하는 DNA의 위치를 찾고 순서를 알아내는 기술은 가능하다. 일반적으로 이 방법은 공여 생물체의 DNA(유전자) 라이브러리를 검사하여 원하는 유전자를 확인한다. 복제된 유전자의 DNA 서열 측정과 유전자가 암호화하는 단백질 검출에 따라 스크린을 한다. 확인된 유전자는 숙주 박테리아에서 DNA 복제에 의해 복제된(클론된) 박테리아의 플라스미드(클로닝 벡터)에 연결된다. 일반적으로 관심 있는 유전자는 유전체 DNA 라이브러리에서 복제되고 cDNA 라이브러리에서 서브복제된다. cDNA 전사체는 번역 전에 RNA 가공(processing)이 필요가 없기 때문에 유전체 DNA 형태로서 유전자의 cDNA 형태를 선호한다. 이것은 숙주 식물이 기능적인 메신저 전사체를 생성하는 적절한 기구가 없을 수도 있기 때문에 이형 발현(heterologous expression)에서 특히 중요하다.

## 2.2 전이유전자의 구축과 클로닝 벡터에서 통합

분리된 유전자는 박테리아 플라스미드(클로닝 벡터)로 통합되고, *Escherichia coli*와 같은 숙주 박테리아에서 증식된다. 복제 유전자는 식물로 삽입될 때 효과적으로 발현되도록 변형되어야 한다. 일반적으로 변형은 유전자 발현을 조절하는 유전 지역에서 서열을 바꾸는 것이지만, 때로는 복제된 유전자 자체가 식물에서 더 발현되도록 변형되기도 한다. 예를 들면, 변화는 코돈 편향을 극복할 수도 있다. 식물은 박테리아 유전자와 비교하여 G-C 뉴클레오티드 쌍을 선호하는데, 식물은 A-T 뉴클레오티드의 비율이 높다. 클론된 박테리아에서, A-T 뉴클레오티드는 아미노산 서열의 급격한 변화 없이 G-C 뉴클레오티드로 대체될 수 있지만, 유전자 산물 생산을 향상시킨다.

### *프로모터와 유전자 발현*

적절한 시작과 종료 서열 이외에도, 각 구조는 적절한 프로모터를 가지고 있어야 한다. 프로모터는 유전자에 의해 암호화되는 단백질이 본질적으로 생산되거나, 발달의 특별한 단계 혹은 특수한 기관에서 생산되도록 한다. 식물의 형질 전환에서 가장 일반적으로 사용되는 프로모터는 35S 프로모터(35S CaMV)이다. 35S CaMV 프로모터는 DNA-기반 cauliflower mosaic virus에서 유래한 구조적 프로모터이고 현재 재배하고 있는 여러 형질전환 작물에서 전이유전자 발현을 조절하는 데 사용된다. 35S CaMV 프로모터는 단자엽과 쌍자엽 모두에서 작용할 수 있으며 일정하고 높은 전사 수준을 유지시킨다.

수많은 유전공학 실험에서, 조직- 혹은 발달적-특이 발현은 중요한 필수조건이다. 따라서 특수성이 알려진 식물 프로모터를 발견하려고 노력을 많이 하고 있다. 현재 형질전환 작물에서 사용되는 조직 특이적 프로모터는 phosphoenolpyruvate(PEP) carboxylase 프로모터이다. PEP carboxylase 프로모터는 광합성 효소를 암호화하는 식물 유전자에서 유래하고 이 프로모터는 광합성 단백질을 생산하는 세포에서만 활성화된다. 또한, 발현은 광합성이 필요 없는 생장이 계절이 되면 느려지고 결국 멈추게 된다.

### *선택 마커와 리포터 유전자*

원하는 유전자 이외에도, 형질전환 벡터는 선택 마커나 리포터 유전자인 두 번째 유전자로 구성되어 있다. 이 유전자는 형질전환 식물에서나 혹은 형질전환에서 파생된 산물에서 특정 기능은 없지만, 전이 유전자가 성공적으로 통합된 세포나 조직을 확인하는 데 필요하다. 식물세포에서 전이유전자의 발현과 통합이 성공하는 빈도는 일반적으로 표적 세포나 조직의 몇 퍼센트로 제한되기 때문에 이러한 확인은 필수적이다. 선택 마커 유전자와 리포터 유전자는 흥미 있는 유전자인 DNA의 같은 지역으로 삽입되는 데 여기서 같은 프로모터에 융합되며, 적절한 기능을 위한 종결 서열이 필요하다(그림 4.2).

선택 마커 유전자는 보통 식물에서 유독한 물질에 저항성이 있는 단백질을 암호화한다. 선택 마커 유전자가 통합되고 발현된 세포만 적절한 독성 화합물이 포함된 배지에서 생존할 것이다. 반대로, 리포터 유전자는 독성 배지에서 생존에 영향을 미치지는 않지만, 쉽게 탐지할 수 있는 표현형을 가지는 유전자 산물을 생산한다.

선택 마커 유전자는 (i) 항생제 내성과 관계있는 유전자와 (ii) 제초제 내성과 관계있는 유전자와 같이 두 가지 타입만 있다.

일반적으로 사용되는 항생제 내성 마커는 여러 개 있다. 현재, 가장 널리 사용되는 항생제 내성 마커는 neomycin phosphotransferase type II gene(*nptII*)인데 이것은 박

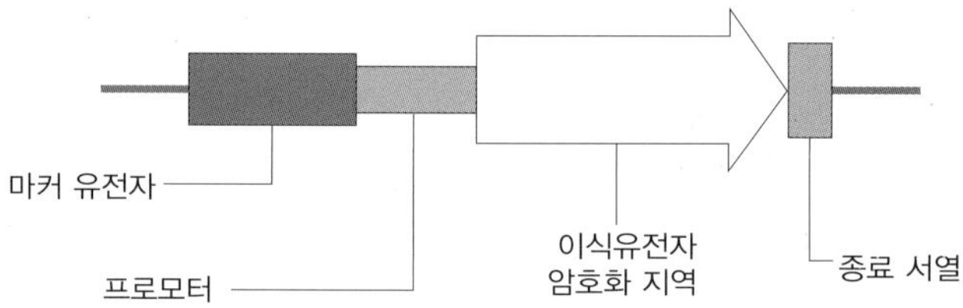


**그림 4.2**

**통합과 발현에 필요한 이식유전자 구성의 지역(상대적인 위치)을 나타내는 단순한 모식도.**

테리아 전이인자(transposon) Tn5에서 유래한 것이다. Neomycin Phosphotransferase II(NPTII)는 kanamycin, paromomycin, geneticin과 같은 aminoglycoside계 항생물질을 불활성화하여 내성을 부여하는 효소이다. NPTII를 발현하는 형질전환된 세포는 kanamycin의 효과로부터 보호되고 생장하여 항생제를 포함하고 있는 세포배양 배지에서 완전한 형질전환 식물로 재발생된다. 수많은 다른 항생제 내성 마커는 형질전환 식물 생산에 사용된다. 항생제 내성 마커에는 3′(9)-*O*-aminoglycoside-adenylyltransferase에 대한 *aad* 유전자도 포함되는데, 이 유전자는 streptomycin과 spectinomycin에 대한 내성을 부여하고 *E. coli*에서 유래한 *hpt*와 *hph* 유전자는 hygromycin에 대한 내성을 부여한다. 내성 유전자는 인산화반응을 통하여 hygromycin을 불활성화하는 kinase를 암호화한다.

일반적으로 2개의 제초제 선택적 마커가 식물 형질 전환에 사용된다.

첫 번째 제초제 마커 유전자는 *Streptomyces*에서 분리한 효소인 phosphinothricin acetyltransferase(PAT)를 암호화하는 *bar* 유전자이다. PAT는 아세틸화 형태로 해독작용을 촉매하여 제초제인 phosphinothricin에 내성을 부여한다. 두 번째 제초제 마커 유전자는 proline을 serine으로 대체하여 효소의 속도 효율성에 영향을 주지 않고 제초제인 glyphosate(Roundup)에 대한 친화도를 감소시키는 5-enolpyruvylshikimate-3-phosphate(EPSP)를 암호화하는 *Salmonella typhimurium*의 aroA의 돌연변이 대립유전자이다. 형질전환이 되지 않은 세포는 생존하지만 변형된 표현형을 가지고 있다.

### *리포터 유전자*

형질전환이 된 후에, 숙주식물 조직에서 흥미 있는 유전자가 발현되는 곳과 시기를 측정하는 방법이 여러 가지가 있다. Southern 혹은 northern blot, dot blot analysis, PCR과 같은 방법은 힘이 들고, 세심한 최적화 과정이 필요하다. 리포터 유전자는 전이유전자의 발현 패턴의 특성을 빠르고 편하게 파악할 수 있는 기술이다. 대부분 리포터 유전자를 이용하여, 전이유전자 발현의 성공은 시각 분석을 통하여 결정된다.

종종, 리포터 유전자는 형광(fluorogenic)이나 혹은 색이 있는 산물을 생산하는(chromogenic) 효소 활성을 통하여 쉽게 측정할 수 있는 단백질을 암호화한다. 그래서 형질전환된 조직에서 유전자 발현의 위치와 양은 쉽게 측정된다.

β-galactosidase(lacZ)와 β-glucuronidase(GUS) 유전자는 자주 사용되는 리포터 유전자이다. 리포터 유전자의 중요한 필수조건은 사용될 식물에서 활성이 없어야 한다. lacZ와 GUS 모두 *E. coli*에서 유래하였지만, 어떤 식물은 β-galactosidase 활성을 가지고 있어서 높은 배경 염색을 일으킨다. GUS 활성은 일반적으로 식물에서 매우 낮아서, 식물 연구에서 보편적으로 사용되는 유전자이다. GUS 활성은 형질전환이 된 조직을 β-glucuronidase의 기질인 5-bromo-4-chloro-3-indoyl-1-glucuronide가 포함된 배지로 옮기면 눈으로 관찰할 수 있다. β-glucuronidase에 의해 기질이 분리되면 청색 물질을 생산한다. 표 4.1에 식물 형질전환에서 일반적으로 사용되는 리포터 유전자를 나타내고 있다. 리포터 유전사에 의해 결정되는 발현 패턴은 southern 분석과 같이 정량적 실험에 의해 확인할 수 있다.

## 2.3 유전적 형질전환

형질전환은 유전자에 의해 암호화되는 단백질을 발현시키기 위하여 복제된 유전자를 숙주 식물의 유전체에서 발현되도록 DNA를 삽입하고 통합시키는 것이다. 세포 생성을 위한 유사분열 동안 전달될 수 있도록 외부 DNA가 숙주 식물 염색체로 통합되는 것은 중요하다. 이것을 '안정한 형질전환'이라고 하며, 형질전환이 된 세포는 모든 세포가 외부 유전자 복제를 가지고 있는 완전한 식물로 재발생을 하도록 사용된다. 만일 삽입된 유전자의 DNA가 염색체로 통합되지 않아도, 잠시 발현될 수 있는데 이를 '일시적 발현'이라고 한다.

식물세포로 유전자를 삽입하는 방법은 다음과 같다.

(i) 자연적으로 존재하는 벡터인 *Agrobacterium tumefaciens*를 이용하는 간접적 유전자 도입

(ii) DNA 유입을 물리적인 방법으로 촉진하는 직접적 유전자 도입

### *간접적 유전자 도입*

*A. tumefaciens*는 근두암종병이라고 알려진 병리학적 상태를 나타내는 종양 형성을 일으키는 그람음성 토양 박테리아이다. 박테리아는 줄기 밑에서 상처 난 조직에 부착하여 아래에 있는 내층세포의 증식을 유도한다. 감염이 일어나는 동안, '종양 유발' 혹은 Ti-플라스미드라고 하는 *Agrobacterium*의 독립적인 고리형태의 DNA는(200kb 이상) 숙주세포로 삽입된다. Ti-플라스미드(T-DNA)의 이동성이 있는 DNA 조각은 감염된 세포의 핵으로 이동하고, 여기에서 숙주식물 유전체로 통합된다. 그리고 식물 DNA의 정상 부분과 유사하게 전사된다.

T-DNA는 두 가지 유형의 유전자를 가지고 있다. 한 유전자는 종양 형성의 원인이 되는 식물호르몬(auxin과 cytokinin)의 생합성에 관여하는 효소를 암호화하는 발암성 유전자이고, 다른 한 유전자는 박테리아가 질소원과 탄소원으로 사용하는 opine이라고 하는 화합물 합성에 관여하는 단백질을 암호화하는 유전자이다. T-DNA는 T-DNA의 경계를 나타내는 25-bp의 불완전 반복에 의해 구부러지고 이는 도입과 통합과정에서 *cis*

표 4.1 식물 형질전환에 사용되는 리포터 유전자에 의해 암호화되는 단백질의 활성과 측정

| 단 백 질 | 활 성 | 측 정 |
|---|---|---|
| GUS<br>(β-D-glucuronidase) | β-D-glucuronides의 가수분해 | (i) 발색 기질: 5-bromo-4-chloro-3-indolyl-β-D-glucuronide<br>산화된 산물(indoxyl derivatives): 청색 침전물<br>(ii) 형광 기질: 4-methylumbelliferyl-β-D-glucuronide(MUG).<br>형광은 360 nm의 여기 파장과 450 nm 방출 파장에서 측정한다. |
| Lac Z<br>(β-D-galactosidase) | β-D-galactosidase의 가수분해 | (i) 발색 기질: 2-nitrophenyl β-D-galactopyranoside<br>산물: 2-nitrophenol<br>(노란 알칼리성 용액)<br>(ii) 형광 기질: 3-carboxyumbelliferyl β-D-galactopyranoside(CUG).<br>형광은 390 nm의 여기 파장과 460 nm 방출 파장에서 측정한다. |
| LUC<br>(luciferase) | luciferin의 산화 | Luminescence(발광) 검출<br>(광자 방출) |
| GFP<br>(초록색 형광 단백질) | Fluorescence(형광) | 청색광 조사 |

배열 신호로 작용한다. T-DNA 도입은 Ti-플라스미드의 독성지역(35 *vir* 유전자)에 의해 암호화하는 유전자들의 상호작용으로 조정된다. 숙주식물의 상처 난 세포는 *vir* 유전자를 촉진하는 낮은 분자량의 페놀 화합물(acetosyringone과 hydroxyacetosyringone)을 분비한다. *Agrobacterium*-매개 형질전환은 이러한 자연적인 형질전환 기작을 이용한다. T-DNA 지역 내에 있는 유전자는 DNA 이동이 필요하지 않고 질병 유도 없이 형질전환 벡터로 Ti-플라스미드 사용이 가능하게 하는 원하는 유전자로 대체될 수 있다. 형질전환 벡터와 발암성이 아닌 *Agrobacterium* 숙주 종은 식물 형질 전환을 위하여 개발되었다.

### *형질전환 벡터*

*Agrobacterium*-매개 형질전환을 위한 일차적인 필수조건은 식물세포로 이동하기 위하여 준비된 T-DNA에 관심 있는 유전자를 삽입하는 것이다. 이러한 목적을 달성하기 위하여 두 가지 종류의 형질전환 벡터가 개발되었다.

- 통합벡터이며, 운반될 유전자는 *vir* 유전자를 포함하며 독성이 없는 Ti-플라스미드에 있는 T-DNA로 제작된다.
- 바이너리 벡터(binary vector)이며, 원하는 유전자를 운반하기 위하여 변형된 T-DNA이고 *vir* 지역이 분리된 플라스미드에 있다.

바이너리 벡터는 다루기가 더 쉽기 때문에 가장 일반적으로 사용하는 기술이다.

*Agrobacterium* 형질전환은 다루기가 쉽고 방법이 간단하기 때문에 쌍자엽 식물의 형질전환에 일반적으로 사용되는 방법이다. 게다가, 단일 복제 통합은 가장 일반적인 현상이며, 전이유전자의 보조 억제와 불안정성의 잠재적인 문제를 감소시킨다.

식물의 형질전환은 적절한 식물절편과 *Agrobacterium*을 함께 배양(공동배양)하여 이루어진다. 박테리아는 항생제로 죽이고, 형질전환된 세포는 적절한 스크리닝 배지로 선발한다. 선발된 세포는 조직 배양을 통하여 증식되고, 형질전환식물을 재발생시키는 데 사용된다. 쌍자엽에서 형질전환을 위하여 일반적으로 사용되는 절편으로는 잎의 원반형 절편, 줄기절편, 자엽, 캘러스 현탁배양체, 원형질체, 발아중인 종자 등이다.

몇몇 종에서 형질전환이 성공하기 위하여 많은 요인들이 중요하다는 것이 알려졌다. 이 요인은 *Agrobacterium* 변종, 온도, 공동배양 기간 등이다. *Agrobacteria*는 상처 난 식물 세포로 유인되며, 형질전환 효율을 증가시키기 위하여 미리 상처 난 조직에 유리구슬, 미세 발사체(microprojectile), 초음파처리를 하거나 혹은 어떤 종에서는 hydroxy-acetosyringone의 처리 등이 사용되어 왔다.

예전에 단자엽은 T-DNA 통합에 대한 방어 기작 때문에 *Agrobacterium*-매개 유전자 도입이 힘들다고 생각하였다. 그러나 최근에 벼, 옥수수, 밀, 보리, 바나나, 사탕수수 등의 형질전환을 위하여 믿을만하고 효과적인 방법이 확립되었다.

### *직접적 유전자 도입*

생물학적 전달 시스템과 같이 유전자 도입 시스템에 대한 주요 장애는 식물세포벽을 관통할 수 없다는 것이다. 직접적 유전자 도입 기술은 식물조직에 DNA 흡수를 촉진하기 위하여 물리적인 방법을 사용하여 이 문제를 극복하려고 노력하는 것이다.

**유전자총** 가장 빈번하게 사용되는 직접적 유전자 전달 방법은 충격 형질전환(biolistic or ballistic transformation)이다. 이 기술은 식물세포의 생물학적 경계(세포벽)를 통하여 DNA를 유입시키기 위하여 고속 입자(미사발사체)에 의해 발생하는 기계적 힘을 사용한다. 즉, 금이나 텅스텐 입자(0.2–0.3 μm)에 DNA를 코팅한 후 가속도를 주어 표적세포에 발사한다. 가속도는 화약, 고압가스(헬륨, 이산화탄소 혹은 질소) 혹은 방전을 사용하여 입자 총에 의해 생성된다(그림 4.3). 이 기술은 단자엽과 쌍자엽 식물의 조직과 미토콘드리아와 엽록체를 포함하는 식물세포에 있는 모든 유전체에 DNA를 전달할 수 있다. 어떤 경우에는 충격 전에 조직을 전처리하여 형질전환을 향상시키기도 한다. 예를 들면, 삼투조절에 의한 절편 조직의 적절한 전배양(pre-culturing)은 부분적인 건조 혹은 배지에 삼투조절제를 첨가하여 할 수 있다.

**다른 방법** 직접적인 유전자 도입을 위한 다른 방법들이 고안되었지만 실제적인 이유로 자주 사용되지 않는다. 원형질막의 융합을 유도한다고 알려진 polyethylenelglycol(PEG)은 식물 원형질체로 분리된 DNA의 유입을 촉진하기 위하여 사용되어왔다. 식물 세포로 분리된 DNA(naked DNA)의 유입을 촉진하는 다른 방법은 전기천공법(electropora-

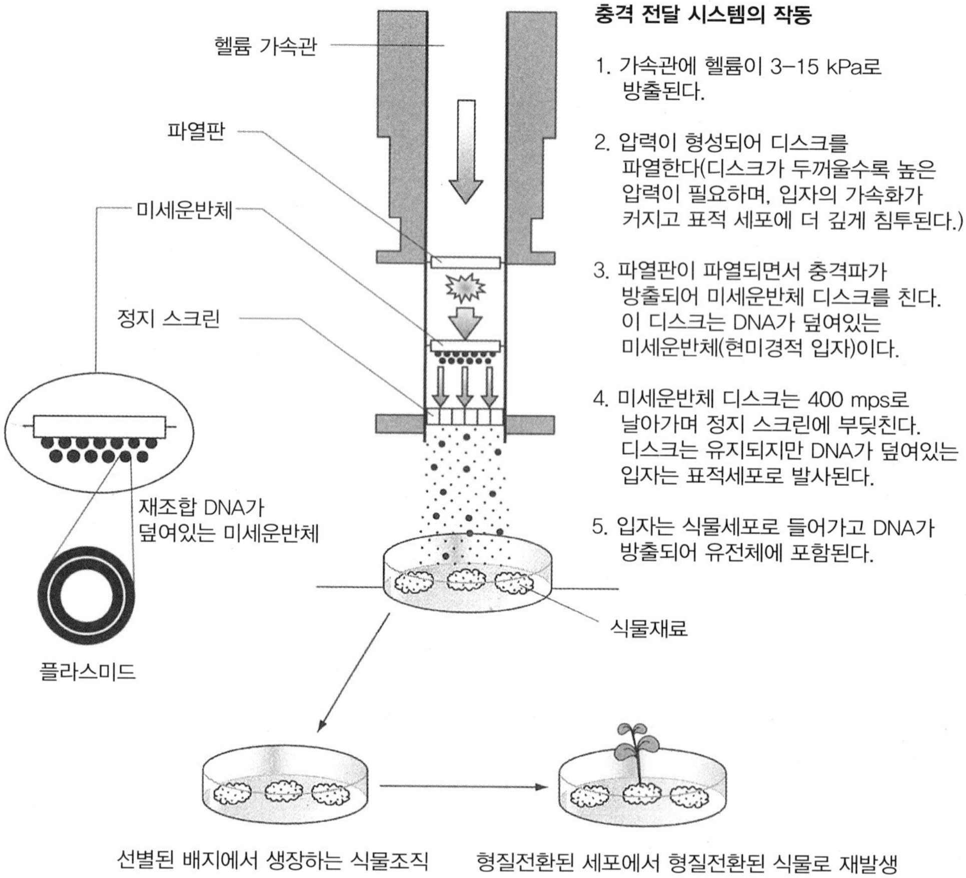


**그림 4.3**

**미세발사체 충격기(microprojectile bombardment)에 사용되는 유전자총의 구조와 작동 과정**

tion), 레이저 미세선속(laser microbeams), 실리콘 카바이드 위스커(silicone carbide whisker), 캐뉼라(cannulas)로 하는 미세주사 등이 있다.

## 2.4 회복과 재발생

사용한 형질전환 시스템과 상관없이, 형질전환 식물의 성공적인 발달은 완벽하게 생존할 수 있는 식물로 증식되고 재발생되는 개체형성능이 있는 세포를 생산하는 형질전환된 조직의 능력에 달려있다(그림 4.4). 성공적인 형질전환체의 선택과 재발생 및 증식은 형질전환된 식물을 만드는 속도 조절 단계이고 이 단계는 다양한 조직배양 기술이 필요하다. 캘러스는 온전한 식물체로 재발생될 수 있으며 가장 널리 사용하는 개체형성능이 있는 조직이다. 캘러스는 생장호르몬이 들어 있고 영양분이 풍부한 배지에서 잎 디스크와 같이 형질전환된 조직을 배양하여 시작되며, 소식물체는 재발생에 관여하는 호르몬(cytokinin과 auxin; 11장)이 들어 있는 배지에서 형성된다. 줄기와 뿌리가 형성되면, 소식물체는 따로 분리하여 일반적인 환경에서 생장하도록 적응시킨다.

## 3. 식물유전공학의 응용

식물바이오테크놀로지(식물조직배양과 분자생물학적 방법의 통합적인 응용)는 품종 개량을 위한 강력한 기술이며 도구이다.

형질전환은 세포에서 개체수준에 이르기까지 식물 유전자의 기능과 발현을 연구하는 데 최상의 수단이다. 새로운 단백질이 만들어질 수 있고 특수한 단백질의 발현이 제거될 수 있다. 게다가, 형질전환은 유전자의 여러 부분의 기능을 탐구하거나 단백질에서 특수한 아미노산 잔기의 역할을 분석하는 데 사용될 수 있다.

전통적인 식물 육종에 의해 새로운 품종을 만드는 것은 시간이 오래 걸리고 노동력이 많이 필요한 과정이다. 수많은 교잡이 이루어지고 종자를 얻어 발아시키고, 그 결과가 평가되기 전에 식물이 자라기 때문에 품질이 개량된 품종을 개발하기 위하여 여러 해가 소요된다. 전통적인 식물 육종의 또 다른 제한은 품종 개량을 위하여 매우 유사한 종이나 한 종 내에서의 유전자만을 사용한다는 것이다. 뿐만 아니라, 육종은 일반적으로 물려받은 특징의 전체 세트의 이동이 일어나고 초기 교배 동안에 유입된 원하지 않는 형질은 후에 조심스럽게 제거해야 한다. 한편 생물공학적 방법은 다른 생물계와 종에서 유전자의 사용이 가능성하고, 새로운 품종의 생산을 촉진하고 원하는 형질이 정확하게 이동하도록 하였다.

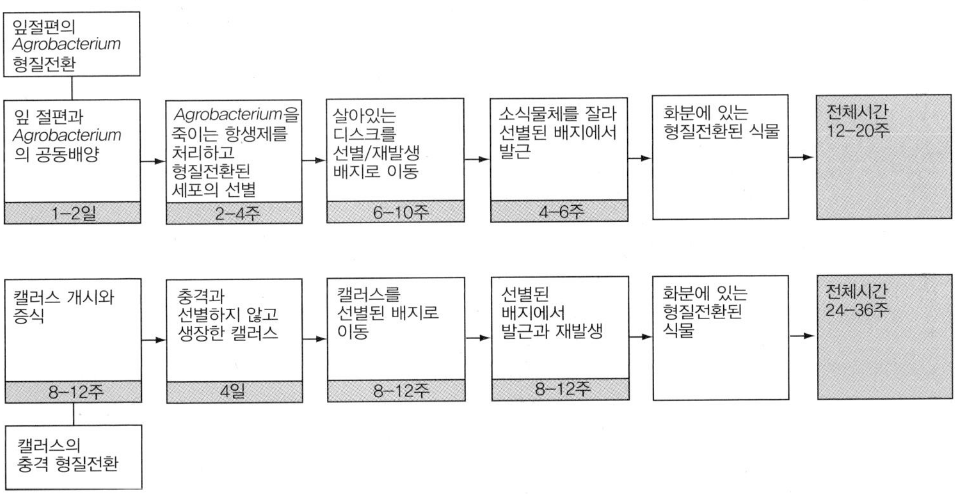


**그림 4.4**

***Agrobacterium*과 미사발사체 충격을 사용하여 형질전환과 재발생을 하는데 필요한 주요 단계와 기간**

현재 식물 바이오테크놀로지 연구의 대부분은 식용작물(80%)에 초점을 둔다. 나머지는 목화(*Gossypium* spp.), 담배, 원예식물, 약용식물과 같은 비식용작물이다. 많은 작물이 유전적으로 변형되었으며, 어떤 국가에서는 이 중 몇몇 식물에 대하여 상업적인 재배를 승인하였다. 현재 상업적으로 재배하는 유전자가 조작된 작물은 아래에 설명하였다.

## 3.1 제초제 저항 작물

현대 농업에서, 잡초 통제는 작물을 해치지 않고 잡초를 죽이거나 억제하는 선택적인 제초제에 의해 그 효과를 발휘한다. 가장 일반적인 선택 요인은 다음과 같다. (i) 작물이 경쟁하는 잡초보다 신속하게 제초제를 대사하는 능력, (ii) 제초제가 목표로 하는 단백질에 대하여 잡초는 감수성을, 작물에서는 비 감수성을 나타내는 것 등이다. 여러 작물은 광범위하게 사용되는 제초제(glyphosate, glufosinate, bromoxynil)에 특히 저항성이 있도록 유전자가 조작되었다. Glyphosate(Round up, *N*-(phosphonomethyl) glycine)는 비선택적 제초제인데, 이는 대부분 식물에 대하여 강력하게 작용한다는 것을 의미한다. Glyphosate는 식물에서 대사가 되지 않으며, 특히 방향족 아미노산 생성 단계를 촉매하는 5-enolpyruvylshikimate-3-phosphate synthase(EPSPS) 효소를 억제한다. glyphosate에 무감각한 박테리아의 EPSPS를 전달하여 식물의 EPSPS의 우회경로를 제공하거나 제초제의 대사를 촉매하는 단백질을 암호화하는 박테리아의 유전자를 전달하여 작물이 glyphosate에 무감각하게 조작되었다.

## 3.2 곤충 저항성 작물

*Bacillus thuringiensis*는 Cry 단백질 혹은 Bt 독소와 같은 결정체 단백질로 알려진 살충제 단백질을 생산하는 토양 미생물이다. 박테리아의 다른 아종에 의해 생산되는 다른 형태의 단백질이 있고 이들 각각은 1-2개의 곤충 목에 대하여 특이적으로 작용한다. Bt 단백질은 표적 종의 유충에 의해 소화되고, 독성은 소화관의 세포에 결합하여 용해시키고 마비 시켜 결국 죽게 한다. 특히 옥수수와 목화와 같은 몇몇 작물은 곤충 공격으로 생산이 감소하는 것을 방지하는 형질전환이 된 식물을 생산하기 위하여 Bt 독성에 대한 여러 가지 유전자로 형질전환이 되었다.

## 3.3 열매 성숙의 조절

형질전환된 토마토는 토마토 열매의 성숙이 지연되도록 조작되었다. 예를 들면, polygalacturonase를 암호화하는 유전자의 하향조절(down regulation)을 일으키도록 유전적 변이가 이루어졌다. Polygalacturonase는 성숙시기에 열매의 세포벽에서 펙틴 사슬의 분해를 촉매하여 부드럽게 만드는 효소이다. Polygalacturonase를 하향 조절하여 토마토 열매는 전통적으로 육종된 토마토보다 성숙 동안에 더 서서히 부드러워진다. 따라서 열매가 완전히 성숙될 때까지 수확을 연기시키며 풍미를 향상시킨다.

## 3.4 식품의 영양적 가치의 개량

쌀은 여러 지역에서 주요 식량이다. 벼의 먹을 수 있는 부분인 배유는 체내에서 비타민 A로 전환되는 프로비타민 A(β-carotene)가 없다. 벼에 3개의 전이유전자의 조합으로 조작하여 배유에서 프로비타민 A의 생합성을 위한 대사 경로를 획득하였다(Potrykus, 2001). Golden rice라고 알려진 이 프로비타민 쌀은 현재 개발 중이다.

### 더 읽을거리

**Chrispeels, M.J. and Sadava, D.E.** (1994) *Plants, Genes and Agriculture.* Jones and Bartlett. Boston, London.

**Chrispeels, M.J. and Sadava, D.E.** (2003) Plants, genes and crop biotechnology. Jones and Bartlett, Boston, London.

**Hansen, G. and Wright, M.S.** (1999) Recent advances in the transformation of plants. *Trends Plant Sci.* **4:** 226-231.

### 참고문헌

**De Block, M., Herrera-Estrella, L., van Montagu, M., Schell, J. and Zambryski, P.** (1984) Expression of foreign genes in regenerated plants and their progeny. *EMBO J.* **3**: 1681-1689.

**Potrykus, J.** (2001) Golden rice and beyond. *Plant Physiol.* **125:** 1157-1161.

Chapter 5

The Basics

# 배양 시설, 살균 기법, 배지 제조

## 1. 서론

성공적인 식물조직배양을 위하여 실험실 설비는 무균조건이 확립되고 유지되어야 한다. 식물이 자라는 배지와 환경은 또한 미생물이 증식하기에 이상적인 조건이기 때문에 무균 기법은 식물조직배양에서 매우 중요하다. 균류와 세균 오염은 다루기가 가장 어렵다. 즉 이들은 식물보다 더 빨리 자라고, 배지를 변형시키기 때문에 식물조직은 자라지 않거나 결국 죽게 된다. 이런 유해한 효과는 배양 영양분을 소비하고 배지에 대사산물을 분비하거나 식물 조직에 이식하는 생물에 감염되어 일어난다. 식물을 다루고 배양하는 기초적인 살균 기법은 오랜 시간에 걸쳐 개발되었고 오염시키는 미생물이 배양에 들어가지 않도록 계획되었다. 잘 설계된 조직배양 연구실은 무균 상태를 유지하고 일정한 결과를 얻는 데 도움이 된다.

## 2. 기본적인 실험실 배치와 설비

조직배양 실험실의 주요 목적은 살균된 환경에서 식물 재료의 배양과 진행을 가능하게 하는 것이다. 이 목적을 촉진하기 위하여 다음과 같은 기초적인 설비가 필요하다.

- 배지 조제와 살균된 공간
- 옮기는 작업을 위한 살균된 공간
- 환경적으로 통제되는 배양기나 배양실

식물 형질전환 실험을 일상적으로 사용하는 실험실에서는 미생물 배양에 필요한 분리된 시설이 필요하다.

### 2.1 배지 제조 공간

배지 제조 공간은 배양 실험실과 분리되어야 하고 다음과 같은 설비가 갖추어져야 한다.

- 배지 제조에 필요한 시약, 배양용기, 유리용기를 저장하는 공간
- 모액(stock solution)과 시약을 저장할 수 있는 냉장고와 냉동고
- 저울, pH 미터, 항온수조(water bath), hot platc, magnetic stirrer가 있는 실험대
- 배지 제조에 사용할 초고순도 증류수 통
- 배지, 유리용기, 기구 등을 멸균할 고압증기 살균기(autoclave)와 대류식 오븐

## 2.2 옮기는 작업을 위한 살균된 공간

개방된 실험실 작업대나 공기 흐름으로부터 오염되는 것을 피하기 위하여 배지를 옮기는 것과 같은 조작은 살균된 공간에서 이루어져야 한다. 이 공간에서 전기와 가스를 사용할 수 있어야 한다.

### *플라스틱 글러브박스*

플라스틱 글러브박스(Plastic glove box)는 옮기는 양이 비교적 적을 때 사용할 수 있는 가장 간단한 형태의 이동 공간이다. 이 설비는 자외선(UV)조사와 70% 알코올을 뿌리거나 바닥을 닦아서 살균할 수 있다.

### *Laminar airflow cabinet*

대부분 식물조직배양 설비는 laminar flow cabinet(혹은 후드)을 사용하여 옮기는 작업을 한다. 이 설비는 다양한 크기를 판매하며 배양 실험실의 필요한 곳에 놓을 수 있다.

Laminar flow cabinet은 작업대 표면에 일정한 흐름의 여과된 무균 공기를 공급한다. 공기는 우선 먼지 필터를 거치고, 다음에 세균이나 곰팡이 포자를 제거할 수 있는 0.2 μm의 작은 구멍이 있는 고효율분진공기(High-efficiency particulate air; HEPA) 필터를 거치게 된다. 공기흐름은 작업대 표면을 따라 아래로(vertical flow system) 혹은 밖으로(horizontal flow system) 향하게 된다. 작업 공간으로 살균되지 않은 공기가 들어오지 않도록 무균 공기가 끊임없이 흐르면서 방어벽을 형성한다(그림 5.1).

Flow cabinet에는 일반적으로 형광등과 작업대의 살균을 위하여 UV 빛이 조사된다. cabinet을 사용할 때는 UV 빛을 꺼야한다. 공기흐름은 계속 켜두거나, 사용 전 최소 30분 동안 켜놔야 한다. 작업대 표면은 사용 전이나 후에 70% 에탄올로 닦아 살균하여야 한다.

Cabinet에서 갑자기 불이 실험자에게 옮겨 붙을 수가 있기 때문에 Bunsen burner와 같이 불꽃이 있는 기구는 피하는 것이 좋다. 대신에 더운 바람이나 비드로 살균하는 전기 살균 기구를 사용한다.

Cabinet에 살균하지 않은 물건을 두는 것을 피하고 가능하면 물건을 적게 둔다. cabinet에서 개봉할 물건은 공기흐름에 정면으로 개봉한다. 실험을 시작하기 전에 손과 팔뚝은 잘 씻어야 한다.

오염을 최소화하기 위하여 폐기물과 사용한 기구는 즉시 살균을 하거나 폐기하여야 한다.

### *옮기는 작업을 위한 살균된 방*

일상적으로 여러 품종으로 실험을 하거나 많은 설비가 요구되는 실험을 수행하는 연구실에서는 먼지가 없는 살균된 방을 사용하는 것이 좋다. 이 방은 위에 UV 전구가 있어야 하고, HEPA 필터로 장착된 양압 환기 시스템을 갖추어야 한다. Bunsen burner를 사용할 수 있는 가스가 필요하고 작업대 표면은 쉽게 청소하고 살균할 수 있도록 설계

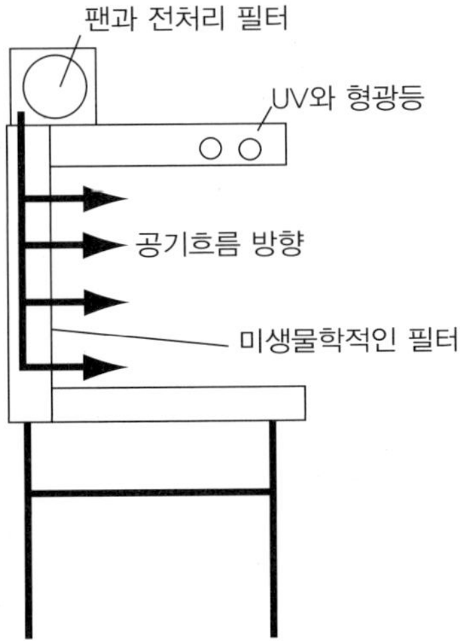


**그림 5.1**

**Lamina flow cabinet의 단면도.** 화살표는 cabinet에서 공기흐름을 나타낸다. 최선의 작업공간은 cabinet의 뒤쪽이고, 마개가 열려 있는 병은 공기흐름과 마주 보도록 한다.

되어야 한다. 기본적인 미생물학적 방법의 살균 기술을 따라야 한다.

## 2.3 배양실과 식물생장 설비

필요한 식물생장 설비의 유형은 배양할 식물 재료의 유형과 양에 따른다. 식물조직배양은 특히 환경 조건에 민감하기 때문에 공기 순환, 온도, 습도, 광질, 광주기 등이 통제되는 조건에서 키워야 한다.

최소 배양 필요조건은 온도 조절이 되고 빛이 있는 방이다. 만일 서로 다른 식물배양이 한 배양 단위에서 키워지면, 모든 유형의 배양을 위한 조건을 적정화하고 설정을 절충해야 하는데 이는 쉽지가 않다.

식물배양의 각 유형에 대한 적정 온도는 15-30℃ 사이이다. 그러나 대부분 식물에서 온도는 25±2℃로 설정된다. 배양실에서 중요한 점은 더운 지역과 찬 지역(온도 기울기)이 있기 때문에 방 전체에 걸쳐 일정한 온도를 유지하는 것이다. 게다가, 배양용기 온도는 온실 효과 때문에 방의 온도보다 몇 도 정도 더 높다. 방에 온도가 미리 설정한 최대 혹은 최저 한계에 도달했을 때를 알려주는 안전경보장치를 설치하는 것이 좋다.

배양실은 빛의 강도와 광주기를 조절할 수 있는 형광등이 설치되어야 한다. 혼합영양배양체를 위하여, 광합성유효방사(PAR)인 약 30 μmol $m^{-2}s^{-1}$의 빛 강도가 적절하다. 독립영양배양체를 위하여 최대 250 μmol $m^{-2}s^{-1}$의 빛 강도가 필요하다. 대부분의 경우, 16시간 명기와 8시간 암기 시스템이 적절하다. 빛과 온도를 24시간 주기로 조절할 수 있는 시스템이 유리하다.

가능하면 배양실은 적절한 환기 시스템과 상대습도를 20-98% 범위에 걸쳐 조절할 수 있는 기능이 있어야 한다. 표준 배양용기에서 키우는 배양체를 위하여 용기 상부의 공간부분은 수증기로 포화되어야 한다는 것이 중요하다. 배양용기에서 상대습도는 용기의 바닥을 차게 하거나 한천의 농도를 조정하여 대략 조절할 수 있다.

대부분 생장용 배양기와 특별히 제작된 생장실은 위의 세부사항에 부합된다. 배양기를 각각 사용하면 환경 조건이 특별한 각 식물배양체가 생장할 수 있는 적절한 환경을 제공할 수 있는 장점이 있다.

현탁배양체가 생장하는 배양실은 온도조절이 되고 빛도 사용할 수 있는 조명이 가능한 회전 배양기나 회전으로 흔드는 판이 있어야 한다.

간단한 식물조직배양실은 그림 5.2에서 보는 바와 같이 배치한다. 배양용기는 반투명한 바구니에 넣어 전구와 선반 아래 사이가 최소 30 cm 되는 거리에서 형광등 빛이 조사되는 선반이나 받침대에 진열한다. 암소에서 배양할 때는 빛 차단 용기나 알루미늄 포일로 감싼 일반 용기를 사용한다. 열을 발생하는 전기 조절기는 배양실 외부에 설치한다. 이러한 배열은 물을 주어 화분에서 키우는 식물에는 전기 안전 때문에 적절하지 않다.

배양실 이외에도, 조직배양을 하기 전후에 온전한 식물을 키우기 위하여 온실 설비도 필요하다. 이 온실 설비에도 온도, 빛, 상대습도의 조절이 필요하다. 식물 생장실과 온실의 조명은 적절한 빛 파장을 공급하기 위하여 원예용 전구를 사용하여야 한다.

유전적 변이식물이 자라는 곳인 배양 실험실, 배양실, 온실에서는 생식질의 철저한 제한이 확립되고 유지되어야 한다. 식물체가 유출 허가를 받지 않고 밖으로 나가는 것

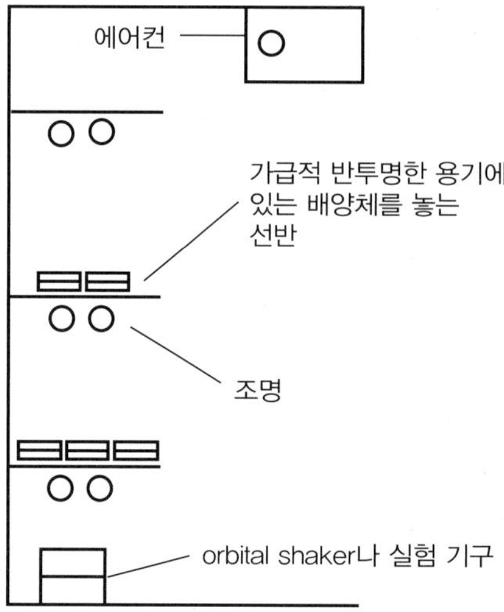


**그림 5.2**

**전형적인 식물생장 실험실의 단면도.** Petri dish나 병에 들어 있는 배양체는 원예용 빛이 있는 선반에 놓는다. 현탁배양체를 위한 orbital shaker는 바닥에 놓는다. 온도나 습도는 에어컨을 사용하여 유지한다.

을 제한하는 것이 중요하다. 이러한 상황에서 식물이 생장하는 지역을 철저하게 청소를 할 수 있어야 한다. 바닥과 실험대는 용액 등이 침투되지 않아야 하고 식물체의 일부가 남아 있는 것을 막기 위하여 틈이 없어야 한다. 문은 일반인이 들어오지 못하도록 보안 장치를 해야 하고 분리된 폐기물 처리를 위한 공간이 있어야 한다. 외부로 향한 틈은 화분과 벌레가 들어오지 못하도록 틈이 좁은 철망으로 막아야 한다. 이러한 시설의 디자인과 생장이 허가된 식물에 대한 사항은 관련 규정에 따라야 한다.

## 3. 살균

식물조직배양 실험에서 가장 중요한 요인의 하나는 무균 조건을 확립하고 유지하는 것이다. 그러므로 오염을 막고 살균조건을 유지하기 위하여 실험도구, 용기, 배지, 절편, 작업 환경이 살균되어야 하고 무균 기법을 실시하여야 한다.

### 3.1 옮기는 작업을 하는 공간과 배양실의 살균

옮기는 작업을 하는 공간은 UV 빛을 조사하여 살균할 수 있다. 조사 시간은 방의 크기에 따라 다르다. UV는 식물체에 유해하고 눈에 손상을 주기 때문에, 방을 사용하지 않을 때 살균을 하여야 한다. 이 공간은 살균제나 살진균제를 주기적(한 달에 두 번)으로 뿌리거나 닦아내어 살균하여야 한다. 옮기는 작업을 하는 공간에 있는 작업대는 사용 전에 70% 에탄올로 닦아 살균을 하여야 한다. Laminar flow hood는 70% 에탄올로 바닥을 닦아 소독하고 30분 정도 켜 놓는다. 배양실은 매주 세제로 청소한 후, 2% Sodium hypochlorite(차아염소산염나트륨)염 용액(표백제)이나 70% 에탄올로 닦아야 한다. 그렇지 않으면, 배양실의 바닥, 벽, 작업대는 시중에서 파는 소독약이나 살균제로 소독하여야 한다.

### 3.2 기구와 배양용기 살균

*유리구슬 살균*
금속성 기구는 275-350℃까지 뜨거워지는 유리구슬 살균기를 사용하여 쉽게 살균할 수 있다. 박테리아나 균류의 포자를 파괴하기 위하여 가열된 유리구슬에 10-60초 동안 기구를 삽입한다. 살균된 기구는 살균된 후드에서 식힌 후 사용한다.

*건열 살균*
유리용기, 금속성 기구, 알루미늄 포일 등은 130-180℃가 되는 온풍 오븐에서 2-4시간 동안 뜨거운 건조 바람으로 살균할 수 있다. 살균 전에 알루미늄으로 막거나 싸야한다. 종이 재료는 높은 온도에서 분해될 수 있다는 것을 기억하자.

*고압증기 살균*
유리용기, 필터, 솜 마개, 플라스틱 뚜껑 등은 고압증기 살균(autoclaving)으로 살균할

수 있다. 고압증기 살균은 높은 온도와 압력에서 증기압을 처리하는 것이다. 살균에 사용하는 표준 조건은 121℃, 105 kg $cm^{-2}$에서 시간은 15-20분이다. 용기는 뚜껑이나 알루미늄 포일로 막고 기구는 포일이나 종이타월로 싼 후 고압증기 살균용 주머니에 넣는다. 살균을 위하여 증기가 도구에 들어가야 한다는 것이 중요하다. 여러 크기의 고압증기 살균기가 있다.

유리 피펫은 솜으로 막고 고압증기 살균을 하거나, 금속성 피펫용기나 유리관을 솜으로 막은 후 굽는다. 고압증기 살균기의 효율은 사용하는 살균기의 유형에 따라 결정된다. 자동 피펫 tip은 tip 박스에 넣어 고압증기 살균을 한다. 기구와 피펫은 사용 전에 80℃ 오븐에서 건조시켜야 한다. 플라스틱 그물망이나 코팅된 유리 슬라이드와 같은 특수한 품목은 70% 에탄올에 하룻밤 동안 담근 후 20분 동안 laminar flow cabinet에서 멸균된 Petri dish에서 건조시킨다.

*불꽃 살균*

종종 건열이나 고압증기 살균으로 살균한 금속성 기구는 알루미늄으로 싼 것을 벗기고 사용 전에 95% 에탄올에 담그고 Bunsen Burner의 불꽃으로 다시 살균한다. 사용 한 후, 재사용 전에 다시 불꽃으로 살균해도 된다. 에탄올의 높은 가연성과 돌발적인 화재의 위험성 때문에 이 살균법을 사용할 때는 안전이 중요하다. 앞에서 설명한 바와 같이, 강한 공기흐름이 실험하는 사람을 향하여 직접적으로 오는 후드에서는 위험성이 더 커진다.

*미리 살균된 용기*

식물조직배양에 적합한 여러 형태의 다양한 플라스틱 용기를 구입할 수 있다. 이러한 용기는 이미 살균되어(방사선이나 에틸렌옥시드 가스로 살균) 판매하며 재살균하여 사용할 수 없다. 시그마 회사 제품 중에서 클립으로 끼우는 뚜껑이 있는 투명한 플라스틱 통인 Phytacon™과 들어 올리는 뚜껑이 있는 투명한 쟁반인 Phytatray™ 등이 있다. 살균 조건을 유지하도록 기체 교환이 가능한 필터가 부착된 것도 있다(예, Magenta™)

## 3.3 식물절편 살균

식물절편 조직의 손상 없이 미생물을 죽이는 살균제를 처리해야 하기 때문에 식물절편의 살균은 어렵다. 다음은 식물 절편의 표면을 살균하는 방법이다.

(i) 절편을 중성 세제로 세척한다. 잎과 초본 조직은 이 단계가 필요하지 않지만, 목본조직과 괴경은 철저하게 세척하여야 한다.
(ii) 세척한 조직은 10-30분 동안 흐르는 수돗물로 철저하게 씻어낸다.
(iii) 그 후 조직은 70% 에탄올에 몇 초간(1분 미만) 담근다.
(iv) 살균된 조건하에서 절편은 밀폐된 병에 살균제를 담그고 5-10분 동안 약하게 흔들어 준다. Tween 20이나 80과 같은 습윤제는 살균제와 조직 사이에 접촉을 향상시키기 위하여 살균제에 첨가할 수 있다. 표 5.1에 식물조직배양에 주로 사용

하는 살균제를 나타내었다. 오염물질 제거가 어려운 조직은 살균제를 진공 흡입법으로 처리하여 살균력을 향상시킬 수 있다.

(v) 살균 주기의 마지막에 살균제는 버리고 절편은 살균된 증류수로 3-4번 세척하고 살균된 종이타월에서 부드럽게 물기를 제거한 후 조직 배양을 시작한다.

최종 절편을 고르기 전에, 살균이 어려운 조직은 24-48시간 후 살균 과정을 반복할 필요가 있을 수도 있다. 이렇게 하면 남아 있는 미생물이 살균제에 의해 보다 쉽게 파괴될 수 있다.

오염을 감소시키는 다른 방법으로는 절편을 야외에서 자란 식물 대신에 온실이나 생장 배양기에서 자란 모 식물체(stock plant)에서 얻으며 항생제나 살진균제로 처리하는 것이다. 살진균제는 항상 효과가 있지 않으며 종종 식물독소로 작용한다.

## 3.4 배양배지 살균

배양 배지와 배지 보조제를 살균하는 방법은 두 가지가 있다.

- 열에 안정한 성분은 고압증기 살균
- 열에 불안정한 화합물은 필터 살균

기본 배지, 초순수 물, 열에 안정한 화합물은 플라스틱 뚜껑(느슨하게 막는), 알루미늄 포일, 혹은 솜 마개로 막은 유리 용기에 넣고, 121°C, 1.05 kg $cm^{-2}$(100 kPa)에서 15-20분 동안 고압증기 살균을 한다. 2-4 l와 같이 큰 부피는 보다 긴 시간인 30-40분이 필요하다. 높은 압력은 배지에 있는 탄수화물을 분해하기 때문에 압력은 1.05 kg $cm^{-2}$를 초과하지 않아야 한다.

표 5.1 식물조직배양을 위한 식물 절편을 살균하기 위하여 일반적으로 사용하는 살균제

| 살균제 | 농도(%) | 설명 |
|---|---|---|
| Sodium hypochlorite | 0.5-5 | 염소나 산화 작용에 근거한 활성 |
| 표백제 | 10-20 | 5% sodium hypochlorite를 포함하는 것 |
| Calcium hypochlorite | 9-10 | 녹여서 걸러야 하는 고체 |
| Hydrogen peroxide | 3-12 | 강력한 산화 작용에 근거한 활성 |
| Benzalkonium chloride | 0.01-0.1 | 양이온 활성제로 생물학적 막을 침투 |
| Mercuric chloride | 0.1-1.0 | 단백질을 변성시킴. 독성이 강하며 폐기물을 위한 특별한 처리가 필수적이다. |
| Ethanol | 70-95 | 단백질을 변성시킴 |

비타민, 아미노산, 열에 불안정한 호르몬 등과 같은 배지 용액은 필터로 살균한다. 0.22 μm 이하의 기공으로 된 살균 필터(Millipore filter)를 사용하고 살균된 여과액은 살균된 용기에 모은다.

## 4. 배지 조제

식물생장 배지의 성분은 2장에서 설명하였다. 상업적으로 판매하는 다양한 배지가 있는데 이들은 초기 식물조직배양의 실험으로부터 유래된 것이다. Gamborg, Hoagland, Litvay, Schenk and Hildebrandt 등의 배지가 있다. 또한, Murashige and Skoog 배지를 기본으로 하는 20여 가지 변형된 배지도 있다. 일반적으로 이 모든 배지는 식물 조직이나 세포 배양을 위해 필요한 대량원소와 미량원소를 모두 포함하고 있다. 필요에 따라 배지 조성을 다양하게 하려고 양이 감소된 복합체가 포함된 배지를 만들기도 한다. 배지는 제조된 분말 혼합체로써 구매할 수도 있고, 혹은 기본 성분으로 만들 수도 있다. 후자의 경우, 만들 때마다 일정함을 유지하기 위하여 특히 주의하여야 한다. 만일 많은 양을 조제한다면, 모든 고체 성분은 막자사발이나 가는 기구로 곱게 갈아 균질하도록 할 필요가 있다. 분말 무기 혼합체는 습기를 흡수하기 때문에 건습제와 함께 데시케이터에 보관하여 대기의 습기와 접촉하는 것을 방지하여야 한다. 또는, 대량원소와 미량원소를 각각 모액(stock solution)으로 조제하는 것이 편리할 수도 있다(표 5.2).

배양 배지의 주요 성분이지만 기본적인 무기 혼합물에 포함되지 않은 것이 탄소원이다. 탄소원은 일반적으로 sucrose와 같이 쉽게 대사되는 당이다. sucrose는 일반적으로 1-3% w/v(10-30 g $l^{-1}$)의 농도로 첨가된다.

배양 배지는 단일 비타민 혹은 비타민 혼합물의 첨가가 필요할 수도 있다. 일반적으로 사용되는 비타민과 다른 유기 화합물을 표 5.2에 적어 놓았다. 이들은 농축된 형태로 필터 살균하여 판매한다. 예전에 식물조직배양에서 검증된 것을 선택하는 것이 중요하다. Gamborg 혹은 Litvay와 같은 비타민 혼합제는 1000× 모액으로 녹일 수 있는 분말로도 판매 한다. 용액은 필터 살균을 하여, 5-10 ml 살균된 튜브에 분할하고, 다음에 사용할 때까지 -20°C에 보관한다.

대부분의 식물배양체는 생장조절제(호르몬)가 필요하다. 가장 많이 사용되는 식물호르몬은 표 5.3에서 설명한 바와 같이 녹일 수 있도록 분말로 판매한다. 적은 부피를 첨가하도록 최종 농도의 1000×가 되는 모액을 제조하는 것이 유용하다. 호르몬은 배지를 고압증기 살균을 한 후 필터로 살균하여 첨가한다(표 5.3).

배지는 코코넛 배유, 카제인 가수분해물, 바나나 분말과 같이 성분이 확실하지 않은 보충제가 필요할 수도 있으며, 이들은 모두 고압증기 살균을 할 수 있다. 1-10 v/v 농도로 사용되는 코코넛 배유는 코코넛에서 추출한다(**프로토콜 5.4** 참조). 바나나분말은 가수분해물로 사용가능하며 25-40 g $l^{-1}$로 사용된다. 카제인 가수분해물은 100 mg $l^{-1}$로 사용한다. glutamine과 같은 아미노산 보충제는 열에 매우 불안정하여 필터 살균이 필요하다. 항생제나 항진균제는 고압증기 살균을 한 후에 첨가하여야 한다. 이들도 식

표 5.2 몇몇 기본적인 식물조직배양 배지의 조성

| 화합물 | 최종 배지에서의 농도(mg $l^{-1}$) | | | | |
|---|---|---|---|---|---|
| | White's | Schenk and Hildebrandt's | Litvay's | Gamborg $B_5$ | Chu N6 |
| 대량원소 | - | - | | | |
| $(NH_4)_2SO_4$ | - | - | - | 134 | 463 |
| $KH_2PO_4$ | 12 | - | - | - | 400 |
| $KNO_3$ | 81 | 2500 | 2500 | 2500 | 2830 |
| $CaCl_2$ | - | 151 | 151 | - | 125.33 |
| $Ca(NO_3)_2$ | 200 | - | - | - | |
| $CaCl_2 \cdot 2H_2O$ | - | 200 | - | 150 | - |
| $MgSO_4$ | 360 | 195.4 | 195.4 | 122.09 | - |
| $MgSO_4 \cdot 7H_2O$ | - | - | - | - | 90.37 |
| $NH_4NO_3$ | - | - | - | - | - |
| 미량원소 | | | | | |
| $CoCl_2 \cdot 6H_2O$ | - | 0.1 | 0.1 | 0.025 | - |
| $CuSO_4 \cdot 5H_2O$ | 0.01 | 0.2 | 0.2 | 0.025 | - |
| $CuSO_4$ | - | - | 0 | - | - |
| $Fe(SO_4)_3$ | 2.46 | - | - | - | - |
| $H_3BO_3$ | 1.5 | 5 | 5 | 3 | 1.6 |
| KCl | 65 | - | - | - | - |
| KI | 0.75 | 1 | 1 | 0.75 | 0.8 |
| $NaH_2PO_4 \cdot H_2O$ | 16.5 | - | 1.25 | 130.5 | - |
| $NH_4H_2PO_4$ | - | 300 | - | - | - |
| $MnSO_4 \cdot H_2O$ | 5.04 | 10 | 10 | 10 | 3.33 |
| $Na_2MoO_4 \cdot 2H_2O$ | - | 0.1 | 0.1 | 0.25 | - |
| $ZnSO_4 \cdot 7H_2O$ | 2.67 | 1 | 1 | 2 | 1.5 |
| Molybdenum trioxide | 0.001 | - | - | - | - |
| $Na_2SO_4$ | 200 | - | - | - | - |
| 철 공급원 | | | | | |
| $Na_2EDTA$ | - | 20 | 20 | 37.3 | 37.25 |
| $FeSO_4 \cdot 7H_2O$ | - | 15 | 15 | 27.8 | 27.85 |
| 유기화합물 | | | | | |
| Myo-inositol | - | 1000 | - | 1000 | - |
| Nicotinic acid | - | 5 | | 1 | |
| Thiamine-HCl | | 5 | | 10 | |
| Pyridoxine-HCl | - | 0.5 | | 1 | |
| Sequestrene 330 Fe | - | - | - | 28 | - |
| 효소 추출물 | 100 | | | | |
| sucrose | 20 | 30 | | | 30 |

물조직배양용 검사를 한 것이 있으며 적절한 농도로 녹이고, 필터 살균을 하여 냉동 보관을 한다. 대부분의 항생제는 -20℃에서 3개월간 안정하지만, Rifampicin은 항상 새로 제조하여 사용하여야 하며 Ampicillin은 빛에 매우 민감하다.

표 5.3 기본 배지에 호르몬 첨가

| | 화합물 | 분자량 | 농도 범위 | 용액 제조 |
|---|---|---|---|---|
| Auxins | Indole-3-acetic acid(IAA)[a] | 175.2 | $10^{-7}$–$10^{-5}$ | 10 mM 용액을 만들기 위하여 KOH로 수용액을 적정한다. |
| | 2,4-Dichlorophenoxyacetic acid (2,4-D) | 221.0 | | |
| | 3-Indolebutyric acid(IBA) | 203.2 | | |
| | 1-Naphthaleneacetic acid(NAA) | 186.2 | | |
| Cytokinins | Zeatin(Zea) | 219.2 | $10^{-7}$–$10^{-5}$ | 10 mM 용액을 만들기 위하여 희석한 KOH나 에탄올에 녹인다. |
| | 6-Furfurylaminopurine(kinetin) | 215.2 | | |
| | 6-Benzylaminopurine(BAP) | 225.2 | | |
| | *N*-isopentenylaminopurine(2iP) | 203.3 | | |
| Gibberellins | Gibberellic acid($GA_3$) | 346.4 | $10^{-7}$–$5\times10^{-6}$ | 수용성: 10 mM 용액을 만든다. |

cytokinin과 gibberellin이 들어 있는 용액은 고압증기 살균을 하지 않는다. 이 용액은 0.22 um 필터를 통과하여 살균을 한다.

[a]IAA는 식물 재료에서 쉽게 산화된다.

만일 고체배지가 필요하다면, 고압증기 살균을 하기 전에 고체화 물질을 첨가한다. 2장에서 설명한 바와 같이 다양한 고체화 물질이 있다. 가장 많이 사용하는 고체화 물질은 agar이며 순수도의 범위가 다양하다. 그러나 식물조직배양을 위하여 가장 순수한 것을 사용하여야 한다. agar는 0.8–2% w/v의 농도로 사용한다.

모든 배지는 첨가물(agar는 제외하고)을 넣고 고압증기 살균을 하기 전에 적절한 pH로 적정을 하여야 한다. 일반적으로 알코올에 녹인 호르몬은 pH에 영향을 주지 않는 반면, 다른 첨가제는 효과를 무시할 만큼 소량을 넣는다.

고압증기 살균을 하기 전에, 배지가 들어 있는 플라스크는 플라스틱 뚜껑, 알루미늄 포일, 솜마개 등으로 느슨하게 막는다, 안전을 위하여 고압증기 살균기에서 물건을 꺼낼 때, 안면 보호구와 두껍고, 방수가 되는 장갑을 착용하여야 한다. 대부분의 고압증기 살균기는 안전장치가 장착되어 있지만, 열기 전에 온도가 끓는 점 아래로 내려오고 압력이 대기압으로 되돌아 왔는지 확인하는 것이 필요하다. 그렇지 않으면, 배지가 갑자기 급격하게 끓어올라 화상을 입을 수 있다.

고압증기 살균을 마친 후 식히고 고체 배지를 놓을 수 있는 깨끗한 공간(laminar flow cabinet이나 유사한 기구)이 필요하다. 배지가 완전히 식을 때가지 용기는 흔들지 말고 수평을 유지하여야 한다.

용기, 액체배지, plate는 냉장고에 며칠 동안 보관해도 된다. 고체 배지는 얼리지 않는다. 배지를 부을 때, plate나 용기에는 내용물, 날짜, 실험자의 이름 등을 적어야 한다. 동시에 준비한 다른 배지 plate와 혼동하지 않도록 한다.

## 5. 오염

배양체는 오염 정도를 파악하기 위하여 처음 배양이 시작된 후 혹은 계대배양 후 3–5

일 동안 살펴보아야 한다. 오염은 여러 생물체에서 올 수 있다.

- 가장 빈번한 오염물질은 박테리아이다. 박테리아 오염은 일반적으로 식물절편으로부터 유입되고 점액질 형태의 특징을 가지고 있다. 박테리아 오염은 흰색, 미색, 분홍색, 노란색 등과 같이 다양한 색을 나타낸다.
- 균류(곰팡이)는 조직 절편이나 공기 중에 있는 포자로부터 배지에 들어간다. 곰팡이의 오염은 '솜털이 난' 형태이고 여러 색으로 나타난다.
- 효모는 종종 식물절편이나 공기 중에서 배지로 들어가 오염을 일으킨다.
- 바이러스나 마이코플라스마 같은 개체는 오염원이 될 수도 있지만 쉽게 발견되지 않는다.
- 개미, 총채벌레, 진드기와 같은 곤충은 배양에서 고질적인 오염이다. 알에서 깨어난 총채벌레는 식물절편에 존재하고 진드기 오염은 실험실 위생이 불결하다는 것을 나타낸다. 총채벌레와 진드기는 곰팡이 포자를 퍼트리며 종종 곤충의 이동 통로를 따라 곰팡이가 자라는 것으로 알 수가 있다.

여러 방법으로 오염이 시작된다.

- 유입된 오염 - 불결한 실험실 위생과 살균 방법으로 일어난다.
- 초기 오염 - 불완전한 식물절편의 살균
- 만성적 오염 - 일반적으로 초기 배양 후 오랜 시간 동안 자라고 증식한 조직 절편에 존재하는 내생 박테리아에서 유래한다.

오염된 생물체의 확실한 식별은 눈으로 검사하거나 알려진 색인 과정으로 할 수 있다. 조직 샘플을 취하고 특수한 배지에 접종하여 박테리아나 균류 혹은 효모인지 식별을 한다. 염과 박테리아 생장을 촉진하는 효모 추출물과 포도당, 혹은 균류나 효모의 생장을 위한 potato dextrose agar(PDA)를 포함하는 영양 배지(NB)가 종종 사용된다. 그러나 배양체가 특별한 가치가 있지 않으면, 오염된 물질은 다른 배양에 퍼지는 것을 막기 위하여 고압증기 살균을 하여 바로 폐기한다.

## 6. 오염된 폐기물의 처리

사용한 agar 배지는 고압증기 살균용 주머니에 넣고 고압증기 살균의 압력을 견딜 수 있도록 고안된 상자나 금속 양동이 안에 넣는다. 이렇게 하여 고압증기 살균을 하는 동안 agar가 흘러나오는 것을 막는다. 사용한 빈 Petri dish, 식물체, 폐기하는 피펫은 주머니에서 고압증기 살균을 한다. 고압증기 살균을 한 물질은 일반적인 폐기물과 같이 처리한다. 오염된 액체는 고압증기 살균을 하거나, 하룻밤 동안 hypochlorite 용액(5%)에 처리한다. 이 액체는 하수도를 통하여 처리할 수 있다. 사용한 바늘이나 날카로운 물건은 적절한 유해용 통에 폐기한다. 핀셋과 같이 사용한 도구는 고압증기 살균이나 유리구슬살균을 한다. 적절한 고압증기 살균의 조건은 표 5.4에 나타냈다.

표 5.4 오염된 폐기물을 처리하기 위한 고압증기 살균 조건

| 항 목 | 온 도 | 시 간 |
|---|---|---|
| 플라스틱(Petri dish, 플레이트 상장, 유리가 아닌 것) | 134℃ | 10분 |
| 혼합물이 들어 있는 플라스틱이나 유리병 혹은 금속 통에 들어 있는 용액 | 121℃ | 35분 |
| 실험복 | 134℃ | 5분 |
| 큰 부피 용액(5-10 l) | 121℃ | 최소 30분 |

## 7. 실험실에서의 안전

고압증기 살균은 높은 온도와 압력으로 이루어지기 때문에 세심한 주의를 기울이며 사용하여야 한다. 대부분의 고압증기 살균기는 안전할 때까지 실험자가 열지 못하도록 압력과 온도 잠금장치가 있다. 고압증기 살균기가 충분히 식어 열 수 있어도, 병에 들어 있는 배지는 매우 뜨거워 끓어 넘쳐 화상을 입을 수 있다. 이러한 이유로 고압증기 살균기에서 꺼낼 때는 단열이 되고 방수가 되는 장갑과 투명한 얼굴 보호가리개를 착용하여야 한다. 병이나 용기의 외부는 젖어 있어 물이 방수되지 않는 장갑을 사용하면 실험자가 화상을 입을 수 있기 때문에 장갑은 방수되어야 한다. 고압증기 살균을 할 때 가장 일반적으로 일어나는 사고는 유리병과 같이 밀봉된 물체에서 일어난다. 고압증기 살균을 하기 전에 뚜껑을 돌려서 닫는 병의 뚜껑을 단단히 조이면 폭발할 수 있다. 그러므로 고압증기 살균기에 넣기 전에 증기가 밖으로 나갈 수 있도록 뚜껑이 느슨한지 검사하여야 한다. 고압증기 살균된 배지가 유리병에 들어 있는 경우 따를 수 있을 정도로 충분히 식을 때까지 두꺼운 장갑을 끼고 다루어야 한다. 오븐에서 물건을 꺼낼 때와 비슷한 주의가 필요하다. 실험실에서 또 다른 위험성은 유해한 시약이다. 적절한 방법과 절차에 따라 사용하고 폐기하여야 한다.

유전자 변이(GM)의 실험을 할 때에는 더 주의를 기울여야 한다. 유전자 변이 물질과 접촉된 물질이나 기구는 실험실 밖으로 나갈 때는 고압증기 살균을 하여야 한다. 또한 형질전환된 식물은 화분이 나가지 못하도록 이중문이 설치되어 있고 화분과 진딧물을 거르는 창이 있는 공간에서만 키워야 한다. 온실은 교차 수분이 일어나지 않도록 GM과 GM이 아닌 식물을 분리하여야 한다. 모든 폐기물은 고압증기 살균을 하여야 한다.

# 프로토콜 5.1

## 조직배양 실험실에서의 위생

조직배양 실험실은 쉽게 청소를 할 수 있어야 한다. 실험대 표면은 투명 포장막을 입히고 싱크대가 있어야 한다. 실험대 아래에 있는 보관함은 바닥과 닿지 말아야 한다. 바닥은 청소가 쉽도록 연결 부위나 틈이 없어야 한다. 벤치 위에 있는 선반, 전기 장비는 틈이 없도록 하여야 한다. 모든 표면은 sodium hypochlorite이 들어 있는 소독제로 정기적으로 닦아야 한다. 실험하는 곳에서 난방과 환기는 공기 이동이 최소한이 되도록 하여야 하는데, 특히 laminar flow cabinet 근처에서는 상충되는 공기 흐름이 오염을 일으킬 수 있다.

### 실험기구

- 조직배양실에서만 있는 실험복
- 실험실용 종이타월
- 깨끗한 방에 있는 laminar flow cabinet
- Petri dish용 고압증기 살균을 할 수 있는 쓰레기 통
- 건조한 플라스틱 폐기물(피펫이나 피펫 tip)을 위한 고압증기 살균용 봉투가 들어 있는 플라스틱 휴지통
- hypochlorite이나 살균제가 들어 있는 병

### 실험재료 및 시약

- 70% 에탄올이 들어 있는 스프레이
- 액체비누와 수도꼭지가 있는 손 세척용 싱크대

### 프로토콜

1. 모든 개인 소지품과 겉옷은 조직배양실험실 바깥에 있는 안전한 곳에 둔다.
2. 머리를 뒤로 묶고 손을 닦는다.
3. 깨끗한 조직배양실험실용 실험복을 입는다.
4. 70% 에탄올로 laminar low cabinet을 철저하게 닦는다. 팬을 30분 동안 켜 둔다.
5. 그동안 사용할 기구에 에탄올을 뿌리고 flow cabinet에 놓는다. 기구나 plate에 사용하는 마커 펜은 알코올에 녹지 않아야 한다. 만일 그렇다면, 알코올에 담갔던 종이로 plate에 표시하지 않은 부분만 닦는다.
6. 가장 살균이 잘 된 지역은 cabinet의 안쪽이므로 이 지역을 사용한다.

7. cabinet 안의 공기 흐름이 있는 곳에서 배양병과 Petri dish를 연다.
8. 가능하면 불필요한 기구나 배지는 재빨리 제거한다. 작업하는 곳이 정돈이 되면 살균 상태를 유지하는 것이 더 쉽다. 폐기물을 버리는 고압증기 살균용 봉지는 cabinet 근처에 두어야 한다.

## 안전상 주의

70% 알코올을 사용할 때 조심해야 한다. 알코올은 유독하고 인화성이 있으므로 피부에 접촉하거나 흡입 및 섭취를 하지 말아야 한다. 점화 장치나 불꽃에서 멀리 떨어지도록 둔다.

# 프로토콜 5.2

## 상업적으로 만들어진 혼합제제나 각 시약을 이용하여 기본 배지 제조하기

필요한 기본 배지는 제품으로 살 수 있는 기본 염 혼합제를 녹이거나 시약 표(예를 들면 표 5.2와 같은)를 사용하여 각 시약을 혼합하여 제조할 수 있다. 또 다른 방법은 대량원소와 미량원소 모액(표 5.2)을 준비하여 사용할 때까지 4℃에서 보관하는 것이다. 유기화합물은 2주 이상 용액으로 보관하지 말아야 한다. 식물생장조절제, 항생제 혹은 glutamine과 같이 열에 불안정한 화합물은 필터 살균(**프로토콜** 5.3 참조)을 하고 배지를 고압증기 살균을 하여 식힌 후 첨가하여야 한다.

### 실험기구

- 저울
- 제조할 배지 부피보다 최소 50% 이상 큰 비커
- spatula
- magnetic stirrer와 magnetic bar
- 눈금 실린더
- 보관용 유리병이나 플라스틱 병(주의: 유리병은 -20℃에 보관하지 말아야 한다)
- 고압증기 살균용 용기(액체배지를 위한 삼각플라스크 혹은 고체 배지를 위한 Duran 병)
- 고압증기 살균기와 고압증기 살균용 테이프
- 고압증기 살균 후 바로 고체 배지를 준비할 살균된 용기(예를 들면, Petri dish나 Phytatrays™)
- 자동 피펫(1 ml)과 tip
- laminar flow cabinet

### 실험재료 및 시약

- 초순수 물
- 상업적으로 제조된 기본 염 배지(예를 들면 표 5.3에 있는 배지의 하나)나 대량원소와 미량원소 모액(4℃에서 보관된)과 철 모액(표 5.2)
- 유기화합물 모액(-20℃에서 보관된)
- sucrose
- 고체화 물질(예; agar; 5절 참조)
- pH 조정을 위한 1 M NaOH 혹은 1 M HCl

## 프로토콜

1. 비커에 최종 부피의 절반의 초순수 물을 첨가하고 magnetic stirrer에 놓는다.
2. magnetic bar를 돌리기 시작한다.
3. 적절한 양의 기본 염을 재거나 적절한 부피의 모액을 측정한다. 비커에 물을 첨가하고 섞는다.
4. sucrose의 무게를 측정한 후 비커에 첨가한다.
5. 성분이 확실하지 않은 배지 보조제(undefined media supplement)와 같이 열에 안정한 물질의 양을 측정한 후 첨가한다. 자세한 과정은 다음 장에서 특별한 프로토콜로 설명할 것이다.
6. 모든 고체 시약은 녹이고, 필요하면 0.1 M NaOH나 HCl을 사용하여 최종 pH를 적정한다. 자동 피펫을 사용하여 미세한 조정을 한다.
7. 눈금실린더를 사용하여 최종 부피를 만든다.
8. 만일 액체 배지를 제조한다면, 삼각플라스크로 측정한다(100 ml 플라스크에 30 ml, 혹은 250 ml에 75-100 ml). 용기는 알루미늄 포일로 뚜껑을 덮어서 고압증기 살균을 한 후 오염물질이 들어가지 않도록 한다. 종종 플라스크를 막기 위하여 비흡수성 탈지면이나 고무마개를 사용한다.
9. 고체나 반고체 배지를 제조한다면, agar의 무게를 측정하고(일반적으로 8-10g $l^{-1}$) 고압증기 살균을 할 용기에 직접 첨가한다. agar에 배지를 붓고 전체적으로 잘 섞은 후 플라스크 밑면에 agar가 가라앉도록 한다. 병에 넘치지 않도록 조심한다. 예를 들면 500 ml 병에 400 ml가 최대 용량이다.
10. 고체나 반고체 배지는 최종 사용할 용기나 나사마개 병에서 고압증기 살균을 한다. 고압증기 살균을 하고 배지를 식힌 후 미리 살균된 플라스틱 용기나 고압증기 살균을 한 유리병에 붓는다. 고압증기 살균을 할 수 있는 플라스틱도 있다. 만일 의심이 된다면, 유리 비커에 한 조각을 넣고 고압증기 살균을 하여 검사한다.
11. 용기를 고압증기 살균기로 옮긴다. 포일로 싼 배지 용기는 안전하게 고압증기 살균을 할 수 있지만 나사마개 병은 마개를 약간 열어야 한다. 고압증기 살균이 끝난 후 바로 마개를 단단히 닫아야 한다. 필요한 것(피펫 tip, 새로 준비한 포일 뚜껑, 핀셋 등)이 모두 있는지 검사한다.
12. 121℃(100 kPa, 15 p.s.i.)에서 15분간 고압증기 살균을 한다. 당이 많은 배지와 같이 열에 약한 배지에서는 조건을 낮출 수 있다. 배지가 누렇게 변하는 것이 경고 신호이다. 살균을 위한 가장 낮은 한계 온도는 118℃(70 kPa, 10 p.s.i.)에서 10분간 하는 것이다. 대부분 열에 약한 화합물은 필터 살균을 한 후 첨가한다(**프로토콜 5.3** 참조).
13. 압증기살균이 완전히 끝나고 온도가 최소한 70℃로 식은 후에 내용물을 꺼낸다. 도구나 tip은 사용하기 전에 오븐에서 건조시킬 필요가 있다. 이미 최종 용기에 들

어 있는 배지는 flow cabinet에 두어 식히고 만일 고체배지라면 굳힌다. 용기를 평평하게 놓는다. 만일 배지를 살균한 플라스틱 용기에 옮겨야 한다면 손이 따뜻하게 느낄 정도로 식힌 후 필요하면 살균한 항생제나 비타민을 첨가하고 laminar flow cabinet에서 붓는다.

**14.** 배지의 라벨이 온전한지 검사하는 것이 중요하다. Petri dish에 있는 배지는 성분과 날짜를 표시하여 본래 Petri dish가 들어 있었던 플라스틱 포장지에 보관한다.

**15.** 배지는 4°C에 보관하는 것이 제일 좋으며 절대로 얼리지 말고 2주 이상 된 것은 사용하지 않는다.

## 주의

호르몬이나 다른 첨가물은 종종 기본배지에 첨가한다; **프로토콜** 5.3 참조

## 안전상 주의

고압증기 살균을 하기 전에 Duran 병이나 이와 유사한 나사마개 병의 마개를 단단하게 막는 것은 고압증기 살균기 안에서 폭발할 수 있기 때문에 매우 위험하다. 고압증기 살균기를 열고 70°C로 식힐 때까지 마개는 병위에 올려놓는다. 오염 방지를 위하여 고압증기 살균기에서 꺼낸 후 laminar flow cabinet으로 바로 옮긴다.

# 프로토콜 5.3

## 기본 배지에 호르몬 첨가의 준비

### 실험기구

- 주사기용 필터(0.22 μM)
- 10 ml 눈금실린더
- 정밀한 저울
- luer-lock syringe(10 ml)
- 모액을 위한 살균된 용기
- pH 측정기
- 피펫

### 프로토콜

일반적인 플라스틱 튜브에 필요한 각 호르몬의 모액을 준비한다. 표 5.3에 식물조직배양에서 사용하는 주요 호르몬의 몰 농도를 나타내었다. 일반적으로 10 mM 모액이 적절하다. 1-naphthaleneacetic acid(NAA)와 6-benzylaminopurine(BAP)의 모액 제조의 예를 들면 다음과 같다.

1. 시약병에 18.62 mg NAA의 무게를 재어 넣는다.
2. 7 ml 증류수를 넣고 섞는다.
3. 0.5 M KOH 용액을 1방울씩 넣고 계속 섞어 pH 6.5가 되도록 한다.
4. 10-ml 눈금실린더에 옮긴 후 부피를 맞춘 다음 다시 섞는다.
5. 병에 옮겨 보관을 한다.
6. 다른 병에 22.52 mg BAP의 무게를 재어 넣는다.
7. 10% 에탄올 7 ml를 넣고 섞는다.
8. 완전히 녹인 후, 10-ml 메스플라스크에 옮긴 후 초순수 물로 부피를 맞춘다.
9. Laminar flow cabinet안에서 두 용액 모두 0.22 μm 주사기용 필터로 살균된 시약병으로 여과한다.
10. 바로 사용하거나 -20℃에 보관한다.
11. 얼린 뒤 사용할 때, 배지에 첨가하기 전에 적절한 분액(aliquot)을 꺼내어 해동한다.
12. 살균한 생장조절제와 고압증기 살균한 배지가 들어 있는 두 용기의 뚜껑을 느슨하게 한다.
13. tip 상자에 있는 살균된 tip 위로 자동 피펫을 밀어 넣고 tip의 옆면을 만지지 말고

tip을 들어 꺼낸다.

14. 자유로운 다른 손을 사용하여 용액이 들어 있는 병뚜껑을 열어 정해진 양을 빼낸다.
15. 병뚜껑을 느슨하게 한 후 같은 손으로 배지 병의 뚜껑을 연다.
16. 매우 조심스럽게 배지에 첨가물을 넣는다.
17. 폐기물 통에 tip을 버린다.
18. 배지 병의 뚜껑을 닫고 수평으로 돌리면서 잘 섞는다. 병을 뒤집는 것은 좋지 않다.
19. 고체 배지가 준비되는 동안 액체배지는 보관하거나 사용한다.

# 프로토콜 5.4

## 기본 배지를 위한 코코넛밀크 보조제 준비

### 실험기구

- 8-mm 목재용 날이 있는 수동 혹은 전동 드릴
- 벤치 바이스(bench vice)
- 깔때기(500-ml)
- 여과지(Whatman No.1)
- retort stand, clamp, boss
- 삼각플라스크
- 보관을 위한 플라스틱 병(100-200-ml)

### 프로토콜

1. 시장에서 잘 익은 신선한 코코넛을 산다.
2. 벤치바이스에 코코넛을 올려놓고 드릴로 껍데기에 8-mm 구멍 2개를 뚫는다.
3. 여과지가 있는 깔때기로 코코넛밀크(배유)를 삼각플라스크에 붓는다.
4. 각 코코넛밀크를 눈과 냄새로 검사한다. 노란색이나 시큼한 냄새가 나면 사용하지 않는다.
5. 각 코코넛밀크를 모아서 섞는다.
6. -20℃에 얼려서 보관한다.

The Basics

Chapter 6

# 캘러스 배양

## 1. 서론

캘러스는 미분화되고 형태가 없는 얇은 세포벽을 가진 유조직세포 덩어리이다. 식물이 상처가 나면, 상처 난 표면에서 캘러스 형성이 일어나 상처 난 조직을 덮는 것은 식물의 보호반응이다. 상처 캘러스 형성은 거의 모든 식물에서 관찰된다.

배양시 무균 조건에서 고체배양배지에 식물절편(explant)을 놓으면 캘러스 형성이 시작된다. 캘러스는 절편 조직의 표면에서 세포가 증식하여 생성된다. 종에 따라 캘러스 형성은 적절한 생장배지를 사용하여 다양한 조직에서 개시할 수 있다. 그러나 세포 분열이 빠르면 보다 쉽게 캘러스가 유도된다. 인위적인 캘러스의 형성과 증식은 세포 분열과 신장을 촉진하는 호르몬(auxin과 cytokinin, 2장 참조)이 들어 있는 배지에서 촉진된다.

## 2. 캘러스 기원

*시험관 내(in vitro)* 캘러스가 유도되는 동안에 모체 식물에서 일어나는 세포 분화는 역전되고 절편 세포는 탈분화된다. 대사 활성의 변화, 저장물질의 소실, 미분화되고 비조직화된 유조직세포가 생기도록 하는 빠른 세포 분열 등이 탈분화 과정의 특징이다. 비록 전체적으로 유조직세포로 구성된 동질적인 캘러스를 거의 볼 수는 없지만, 캘러스가 자라도 구조화는 나타나지 않는다. 캘러스 생장이 진행됨에 따라 분열 활동의 중심이 형성된다. 임의의 가장 기본적인 형성층은 체관요소, 슈베린화 세포 혹은 헛물관요소 형성으로 관다발 분화가 일어날 수 있다. 분열 활동을 하는 캘러스의 일부는 적절한 배양 배지가 제공되면 더 발달하여 지상부 정점, 뿌리 시원체, 초기 배의 전구체가 될 수 있는 혹을 형성한다.

## 3. 캘러스 유형

캘러스는 외형과 물리적인 특징은 매우 다양하다. 다양성은 모체 조직, 캘러스의 나이, 생장 조건에 따라 나타난다. 캘러스는 흰색이거나 초록색 혹은 안토시아닌 색소로 인하여 다양한 색소가 나타날 수 있다. 캘러스는 느슨하게 모여 있는 세포로 구성되어 잘 부서지거나(그림 6.1) 혹은 조밀하게 모여 질감이 단단해져 리그린화 될 수 있다. 또한, 캘러스는 배발생이 될 수도 있는데 즉, 자연적으로 혹은 적절한 조건에서 생장을 하면

**그림 6.1**

**현탁배양체를 형성하는 데 적합한 부서지기 쉬운 *Nicotiana*의 캘러스 세포.** 해부현미경으로 관찰.

배가 형성될 수 있다. 옥수수와 같은 단자엽 초본은 이러한 특징에 따라 캘러스를 두 가지 유형으로 정의한다. 유형 I 캘러스는 잘 부수어지지 않고, 체세포 배와 기관이 발생하고, 종종 잎과 비슷한 구조가 생성된다. 유형 II 캘러스는 잘 부수어지고, 미분화되고 단지 체세포 배만 발생이 된다.

캘러스 배양은 유전적으로 불안정하게 되어 같은 배양 내에서 다양한 표현형이 나타날 수 있다. 체세포영양계 변이(somaclonal variation)라고 알려진 이 현상은 12장에서 자세히 설명할 것이다.

## 4. 배발생, 기관발생, 세포배양에서 캘러스의 역할

캘러스 형성은 여러 종류의 식물세포와 조직을 이용한 *시험관 내* 배양과 식물 유전자 조작(그림 6.2)의 방법 등에서 기본적인 단계이다. 예를 들면, *시험관 내* 캘러스는 가장 빈번하게 사용하는 전분화세포(totipotent cell)이다. 전분화세포는 기관발생이나 체세포 배발생을 통하여 식물에서 만들어진다(그림 6.3과 6.4). 캘러스는 종종 유전적 형질전환을 위한 표적조직으로 사용되기도 하며, 형질전환을 시킨 후 재발생시키기 위하여 캘러스 형성을 시작하기도 한다. 일반적으로 잘 부수어지는 캘러스를 단일 세포나 세포 덩어리로 분산시켜 세포 현탁배양을 시작한다.

## 5. 캘러스 배양의 시작과 확립

캘러스 배양이 성공하기 위하여 다음 네 가지 부분을 고려하여야 한다.

- 적절한 모체의 선택
- 절편의 선택과 분리 방법

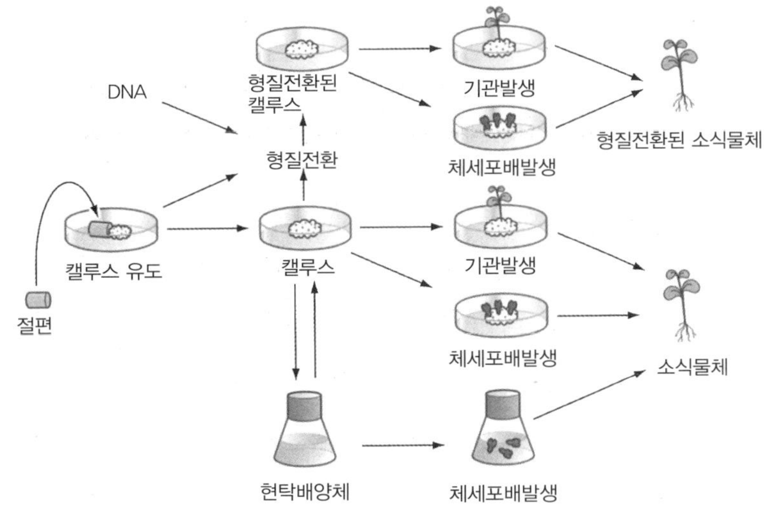


**그림 6.2**

**식물조직배양과 유전적 형질전환에서 캘러스의 여러 적용**

**그림 6.3**

***Nicotiana*의 잎 절편에 IBA와 BAP를 첨가하여 키운 캘러스에서 발달한 줄기.**

- 필요한 배지와 배양 조건
- 배양 조건의 최적화

잘 자라고 병이 없는 종자나 식물이 적절한 시작물질이다. 만일 캘러스 배양이 미소대량증식 프로그램의 일부분으로 사용된다면 모체 식물은 적절한 유전적 특징을 나타내야 한다. 그러한 식물은 엘리트 모체식물(elite mother plant)로 알려져 있다.

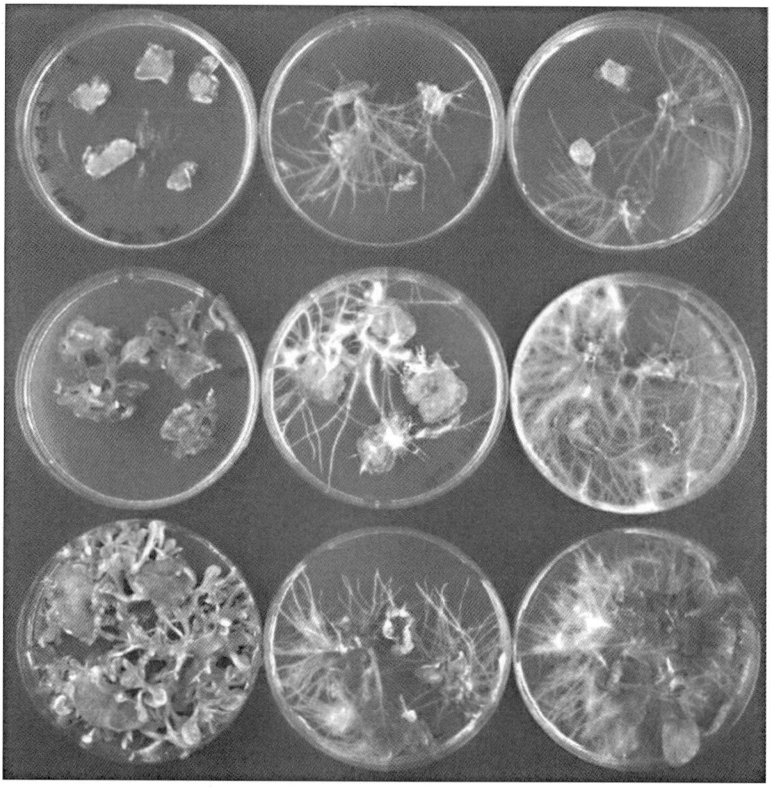

**그림 6.4**

**다양한 auxin과 cytokinin 농도를 포함하는 배지에서 키운 담뱃잎의 'growth square(생장 사각형)'의 9개 plate로서 뿌리, 줄기, 잎의 형성을 보여준다.** 맨 윗줄의 plate는 1-3, 2번째 줄은 6-8, 3번째 줄은 9-11로서 표 6.1에서 설명하고 있다.

무균 상태에서, 모체식물에서 절편을 분리한다. 모체식물과 절편에서 오염물질을 제거하고 5장에서 설명한 바와 같이 표면 살균을 한다. 살균한 기구로 절편을 떼어낸다. 비록 상처가 상처 반응을 유도하지만 절편을 떼는 방법은 중요하지 않다. 잎 절편은 살균된 가위, 메스, 코르크 보러로 잘라낸다. 줄기와 저장뿌리는 일반적으로 코르크 보러로 떼어내어 살균된 메스로 자른다. 내부 식물조직에서 얻은 절편 즉 예를 들면 줄기나 뿌리 내에서 얻은 중심부는 식물에서 떼어낸 후 재빨리 표면 살균만 해도 된다. 각 경우에 절편을 살균 상태로 유지하도록 하고 오염된 식물체는 폐기한다.

일반적으로 살균한 절편을 Petri dish나 배양 시험관과 같은 용기에 들어 있는 적절한 고체생장배지에 놓으면 캘러스가 형성된다. 용기는 잘 막고 미리 정해진 환경조건에서 배양한다. 캘러스 형성은 2-3주 후에 상처 난 모서리에서 돌출되고, 나중에는 본래의 식물절편을 덮으며 서서히 자라는 세포 덩어리로 관찰된다. 캘러스 형성은 식물조직의 팽창 생장에 앞서 진행될 수 있다.

캘러스 생장을 최적화하기 위하여 여러 다른 배지에서 캘러스 생장을 유도하고 어

표 6.1 적절한 캘러스 생장을 검사하기 위한 auxin과 cytokinin의 농도를 나타내는 'growth square'

| | **Kinetin (μM)** | | | | |
|---|---|---|---|---|---|
| **IAA (μM)** | **0** | **0.5** | **2.5** | **5** | **10** |
| 0 | 1 | 2 | 3 | 4 | 5 |
| 0.5 | 6 | 7 | 8 | 9 | 10 |
| 2.5 | 11 | 12 | 13 | 14 | 15 |
| 5 | 16 | 17 | 18 | 19 | 20 |
| 10 | 21 | 22 | 23 | 24 | 25 |

느 정도 자란 캘러스를 다양한 조성의 배지에 옮기며, 또한, 계대배양을 하기 위해 부드럽고 밝은색(갈색이 아닌)을 나타내는 조각을 선택하여야 한다. 여러 식물 종의 캘러스 생장을 위한 배지의 예는 프로토콜에서 제시하였다. 만일 다른 종에서 캘러스 생산이 필요하다면, 이전에 그 종에 최적화된 배지가 있었는지 알아야 하는데 이를 위하여 먼저 문헌 조사를 하는 것이 좋다. 만일 정보가 없다면, 5장에서 설명한 기본 배지 중 한 배지를 사용하고 다양한 auxin과 cytokinin 농도를 함유하고 있는 여러 agar plate를 준비한다. 최선의 실험 방법은 다섯 가지 auxin 농도와 다섯 가지 cytokinin 농도가 조합된 25개 plate를 준비하는 것이다(표 6.1과 그림 6.4 참조). 이러한 생장 시도를 하기 위하여 접종하는 캘러스는 동일한 크기여야 하고 새로운 배지에서 충분히 생장해야 한다(약 20 mg).

이 장에서는 우리 실험실에서 실험했던 방법을 사용하여 애기장대 유식물(Blackhall, 2001에서 설명한 방법을 기초로), 나자식물과 피자식물의 물에 불린 종자(Attree *et al*, 1996; Sellmer *et al*, 1996에 기초하여), 단자엽과 쌍자엽의 줄기와 지상부에서 캘러스 생성을 시도한 프로토콜을 제시하였다.

## 6. 캘러스 생장의 관찰

캘러스 생장은 배양체의 생체량과 건량을 측정하여 관찰한다. 생체량 측정을 위하여 캘러스는 미리 측정된 포일 측정 접시에 옮겨 재빨리 측정한다. 캘러스 무게 측정은 용기에서 꺼낸 후 가능하면 빨리 실시하는 것이 중요한데 이는 캘러스의 수분이 공기 중에서 재빨리 소실되기 때문이다. 생체량을 측정한 후 캘러스는 하룻밤 동안 60℃에서 건조시켜 건량을 측정한다. 이 측정을 하면 배양체가 죽기 때문에 이 방법은 생장 조건을 최적화하는데 만 유용하다. 생장의 어림 측정은 캘러스의 직경을 측정하여 할 수 있고, 건강 상태는 색을 관찰하여 평가할 수 있다. 일반적으로 빠른 생장과 밝은색은 건강한 배양체라는 증거이다. 푸석한 형태의 잘 부서지는 캘러스는 계대배양이나 액체현탁배양을 실시하기에 적절하다. 경험에 따르면, 어두운색의 캘러스는 세포 사멸과 관련이 있으므로 피하는 것이 좋다. 때때로 배양체의 변색은 미생물 오염을 나타내므로 고압증기 살균을 하여 폐기하여야 한다.

캘러스 배양체는 일반적으로 밤/낮이 8시간:6시간 주기로 낮은 조도의 빛에서 22-25℃에서 유지된다. 종과 생장률에 따라 다르지만 이 조건에서 2-3주마다 계대배양을 하면 캘러스 배양체는 수년 동안 유지될 수 있다. 캘러스 배양체는 느린 생장 조건에서 저장하고 보관하는 생식질 보존의 한 방법으로 사용되곤 한다(3장).

## 7. 캘러스의 유전적 형질전환

캘러스 배양체는 현재 실질적인 형질전환 전략의 중요한 요소이다(4장 참조). 캘러스 세포는 종종 미세발사체 충격(microprojectile bombardment)과 *Agrobacterium tumefaciens*에 의한 형질전환을 위한 표적으로 사용된다. 또한, 잎이나 배가 형질전환의 표적으로 사용될 때, 형질전환 전이나 형질전환된 세포를 회수하는 동안에 캘러스를 유도한다. 형질전환 후, 캘러스 단계는 식물 재생을 유도하는 동안에 뿌리, 지상부, 배의 분화보다 먼저 일어난다.

*Agrobacterium*을 매개로 한 쌍자엽의 형질전환은 잎, 자엽, 줄기, 발아하는 종자, 캘러스 배양과 같은 식물 재료의 살균된 절편을 사용한다. 일반적으로 잎 디스크나 절편은 형질전환을 위한 물질로 사용하고 미리 캘러스 유도를 하거나 혹은 미리 캘러스 유도 없이 형질전환을 시킬 수 있다. 잎 절편은 박테리아가 조직으로 침투하도록 5-10분 동안 박테리아와 함께 배양한 후, 여과지로 물기를 흡수하고 고체 배지로 옮겨 2일 동안 박테리아와 잎 조직을 함께 배양한다. 2일이 지나면 박테리아는 잎 표면을 덮을 정도도 생장을 한다. 잎 디스크에서 박테리아를 제거한 후 *Agrobacterium*을 죽이기 위한 항생제(carbenicillin과 timentin)와 형질전환된 세포를 선택하기 위한 항생제(hygromycin)가 포함된 배지로 옮긴다. 잎 디스크는 일주일 간격으로 새로운 배지로 옮기고 배지의 호르몬 조성을 조정하여 형질전환된 캘러스가 형성되도록 한다.

배발생 조직에서 유래한 단자엽 캘러스(옥수수)는 주로 미세발사체 충격(microprojectile bombardment)에 의한 직접적 형질전환을 위하여 사용된다. 옥수수 캘러스의 직접적인 형질전환에 대한 방법은 프로토콜 6.6에 제시하였으며 이는 Fromm(1996)의 방법에 기초한 것이다.

### 참고문헌

**Attree, S.M., Rennie, P.J. and Fowke, L.C.** (1996) Induction of somatic embryogenesis in conifers. In: *Plant Tissue Culture and Laboratory Exercises* (eds. R.J. Trigiano and R.J. Gray). CRC Press, Boca Raton, Florida.

**Blackhall, N.** (2001) Arabidopsis, the compleat guide - http://www.arabidopsis.org/comguide/chap_2_tissue_culture/13_cell_suspension_culture.html

**Chu, C.C., Wang, C.C., Sun C.S., Hus, C., Yin, K.C. and Chu, C.Y.** (1975)

Establishment of an efficient medium for anther culture of rice through comparative experiments on the nitrogen sources. *Scientia Sin.* **18:** 659-668.

**Fromm, M.** (1996) Production of transgenic maize plants via microprojectile-mediated gene transfer. In: *The Maize handbook* (eds. M. Freeling and V. Walbot). Springer, New York, pp. 677-684.

**Sellmer, J.C., Ritchie, S.W., Kim, I.S. and Hodges, T.K.** (1996) Initiation, maintenance and plant regeneration of type callus and suspension cells. In: *The maize handbook* (eds. M. Freeling and V. Walbot). Springer, New York, pp. 671-677.

# 프로토콜 6.1

## 식물재료와 절편의 준비

### 실험기구

**살균할 것**

- 알루미늄 포일로 막은 삼각플라스크(250 ml)
- Petri dish
- 알루미늄 포일로 싸서 고압증기 살균한 차 거르개 혹은 muslin
- 살균한 식물재료에 사용할 살균한 용기(예: 포일로 막은 비커)
- 살균한 자동피펫용 tip
- 살균한 적당한 발아용 용기
- 스푼
- 핀셋
- 메스
- 코르크 보러*
- 작은 해부용 가위*

*준비하는 재료에 따라 대체품 사용

**살균하지 않는 것**

- 해부현미경
- 자동피펫

### 실험재료 및 시약

- 염소 6%가 포함된 표백제; sodium hypochlorite으로 제조해도 됨; 고압증기 살균하지 않음
- 무수알코올
- 계면활성제(예: Tween 80)
- 살균한 증류수
- 발아 배지
  - MS 배지; 2% sucrose
  - 1.0 mg $l^{-1}$ thiamine
  - 0.5 mg $l^{-1}$ pyridoxine
  - 0.5 mg $l^{-1}$ nicotinic acid
  - 0.5 g $l^{-1}$ 2-(*N*-morpholino)ethanesulphonic acid(MES)
  - pH 5.7 with 1 M KOH
  - 0.8% Bacto agar

• 고압증기 살균기로 살균함.
- 식물재료(예: 잎이나 종자)

## 프로토콜 Part A – 발아하는 유식물에서 캘러스 생산

1. 종자를 차 여과지에 놓는다. 만일 종자가 크면 250-ml 삼각플라스크에 직접 넣는다.
2. 무수알코올에 몇 초간 담근다. 알코올을 제거한다.
3. 15–20분 동안 계면활성제와 함께 차아염소산(hypochlorite)에 종자를 담근다.(종자에 따라 시간을 조정한다)
4. 250 ml 살균 증류수로 5분간 3회 씻어낸다. 만일 종자가 물에 뜨면 피펫으로 물을 제거하거나 낮은 속도로 원심분리를 한다(예: 1000 ***g***로 5분간).
5. 살균조건에서 작업을 할 때 종자는 Petri dish에 놓고 병이나 다른 적절한 살균 발아 병에 발아 배지를 옮긴다. 애기장대의 경우, pH는 매우 중요하다; pH 6 이하인 배지에서 발아가 된다. 종자는 끝을 자른 tip으로 자동 피펫을 이용하여 옮긴다.
6. 유식물은 적절한 배양기에서 발아시킬 수 있다(온도와 빛을 종에 따라 다르다; 두 종 모두 16시간 명기: 8시간 암기 주기와 애기장대는 22℃, 담배는 25℃가 필요하다). 캘러스가 재발생될 수 있도록 살균된 물질을 사용한다.

## 프로토콜 Part B – 식물체의 절편에서 캘러스 생산

이 방법은 생장실에서 자라는 식물에서 부터 온실이나 야외에서 자라는 식물에 걸쳐 적용할 수 있다. 줄기, 잎 등 여러 부분이 재발생될 수 있다. 뿌리는 살균한 코르크 보러를 사용하여 괴경이나 큰 뿌리에서 중심 부분을 떼어낸다 해도 살균 조건에서 키우지 않으면 캘러스를 생산하는 데 문제가 생길 수 있다.

1. 식물체를 물에서 씻고 무수알코올에 잠시 담가둔다.
2. 계면활성제를 몇 방울 첨가한 hypochlorite에 5–10분간 담근다.(담그는 시간은 다양한데, 민감한 식물체는 짧게, 감염이 문제가 되면 오래 담가둔다).
3. 이제부터 laminar flow cabinet에서 실험을 한다.
4. 만일 필요하다면 살균한 메스로 자르고 두 번째 단계를 반복한다. 예를 들면, 잎의 껍질을 제거하거나 끝을 잘라 오염원을 제거할 수 있다. Petri dish 뚜껑과 같이 살균된 표면에서 실험을 한다.
5. 살균한 증류수로 5분간 3회 씻는다.
6. 조직을 꺼내어 hypochlorite에 접촉한 표면을 잘라낸다. 살균한 기구를 사용하여 살균된 표면에서 실험을 한다.
7. 조직을 지름 10 mm, 두께 2–3 mm 정도의 조각으로 잘라 캘러스 배지에 놓는다(아래 참조)

## 프로토콜 Part C - 물을 흡수한 종자의 배 사용

이 프로토콜은 나자식물인 유럽가문비 나무에 대해 설명하는 것이지만 해부가 가능한 큰 종자에도 사용할 수 있다.

1. 하룻밤 동안 종자를 물에 담근다. 성숙한 종자를 사용하지만 미성숙 종자는 더 생존할 수 있는 배양 조직을 생산한다.
2. 5% sodium hypochlorite에서 10분이나 15% 과산화수소에서 15-20분 동안 종자 표면을 살균한다.
3. 살균한 증류수 250 ml로 3회 씻는다.
4. 현미경을 사용하여 종자를 조심스럽게 자르고 미세한 핀셋으로 종자 양면을 눌러 배를 잘라낸다. 배는 배유에서 미끄러져 나오면 미세한 핀셋으로 잡는다.

배는 더 살균할 필요 없이 캘러스 배양을 할 준비가 되었다. agar plate 당 10개에서 20개 정도가 필요하다.

## 주의

옥수수 캘러스를 위하여 유사한 방법을 사용할 수 있다. 그러나 수분 후 9-11일 되고 12.5-17.5 mm 배를 얻는 것이 중요하다. 옥수수는 위에서 설명한 바와 같이 sodium hypochlorite에 담가 살균을 한다. 옥수수 낟알을 떼어낸 후 배를 제거하여 캘러스 배지에 놓는다(아래 참조)

# 프로토콜 6.2

## 쌍자엽인 *Arabidopsis*와 *Nicotiana tabacum*의 뿌리에서 캘러스 유도

## 실험기구

### 살균할 실험기구

- Petri dish
- spatula
- 메스

### 살균하지 않는 실험기구

- 생장실(22℃, 백색광 혹은 16시간 명기, 8시간 암기)
- Parafilm™ 혹은 microspore gas-permeable tape(가스교환을 해서 생장을 촉진)

## 실험재료 및 시약

- 캘러스 유도 배지(살균된 6 cm Petri dish)
- 2% sucrose, 0.8% agar, 0.5 g $l^{-1}$ MES, 0.5 mg $l^{-1}$ 2,4-D, 0.05 mg $l^{-1}$ kinetin과 함께 Gamborg's B5 basal medium(Sigma G5768)(배지 제조에 대한 지침은 5장 참조)
- 식물재료: 살균 조건에서 발아한 유식물

## 프로토콜

**(Laminar flow hood에서 실험)**

1. 살균된 용기로 유식물을 옮긴다.(예를 들면 Petri dish 뚜껑의 안쪽)
2. 뿌리를 잘라내고 1 mm 길이로 자른다.
3. 자른 조각을 살균한 spatula를 사용하여 캘러스 유도 배지의 표면으로 조심스럽게 옮긴다.
4. Parafilm™이나 gas permeable tape으로 Petri dish 모서리를 밀봉하여 지속적인 백색광이나 16시간 명기, 8시간 암기인 22℃ 배양실에 놓는다.
5. 2-3주에 걸쳐 관찰한다. 이 기간 동안 캘러스는 3-5 mm 자랄 것이다.
6. 캘러스는 계대배양하여 주기적으로(4-6주마다) 신선한 배지에 둔다. 캘러스를 더 많이 생산하기 위해 살균한 메스를 사용하여 더 나눌 수 있다.

# 프로토콜 6.3

## 쌍자엽인 *Arabidopsis*와 *Nicotiana tabacum*의 줄기/잎에서 캘러스 유도

## 실험기구

### 살균할 실험기구

- Petri dish
- spatula
- 메스

### 살균하지 않는 실험기구

- Parafilm™ 혹은 microspore gas-permeable tape
- 생장실(종에 따라 22°C 혹은 25°C, 백색광 혹은 16시간 명기, 8시간 암기),

## 실험재료 및 시약

- 프로토콜 6.2에서와 같은 *Arabidopsis* 캘러스 유도 배지(6 cm Petri dish에 살균한)
- *Nicotiana* 캘러스 유도 배지(6 cm Petri dish에 살균한)
- 3% sucrose, 0.8% agar, 1 mg $l^{-1}$ 2,4-D, 1 mg $l^{-1}$ kinetin, pH 5.2를 함유한 MS 배지(배지 제조에 대한 지침은 5장 참조)
- 식물 재료: 표면 살균한 잎이나 프로토콜 6.1A와 같이 살균한 조건에서 발아한 유식물

## 프로토콜

(Laminar flow hood에서 실험)

1. 잎에서 5-10 mm 직경의 조각을 잘라낸다.
2. 살균한 spatula를 사용하여 잘라낸 조각을 조심스럽게 캘러스 유도 배지의 표면에 놓는다.
3. Parafilm™이나 gas permeable tape으로 Petri dish 모서리를 밀봉하여 지속적인 백색광이나 16시간 명기, 8시간 암기인 25°C(*N. tabacum*)와 22°C(*Arabidopsis*) 배양실에 놓는다.
4. 2-3주에 걸쳐 관찰한다. 캘러스는 잘린 잎의 모서리에서 형성되기 시작한다. 6주 후에 같은 배지에서 새배양할 것이다. 그리고 매 4주마다 계대배양을 하며 유지한다. 캘러스를 더 생산하기 위해 살균한 메스를 사용하여 더 나눌 수 있다.

# 프로토콜 6.4

## 단자엽(옥수수, 벼)에서 캘러스 유도

뿌리와 줄기에서도 캘러스가 잘 생성되지만, 미성숙 종자에서 유도된 캘러스는 배발생과 형질전환을 시키기 위한 원형질체의 현탁배양체를 생산하는데 적합하다. 미성숙 배를 얻는 방법은 **프로토콜** 6.1C에 설명하였다. 이 프로토콜에서 벼와 옥수수에서의 차이를 설명하고자 한다.

### 실험기구

**살균할 실험기구**

- Petri dish, spatula

**살균하지 않는 실험기구**

- Parafilm™ 혹은 microspore gas-permeable tape
- 생장실(25℃ 암소 혹은 Petri dish를 알루미늄 포일로 싼다)

### 실험재료

**유도 배지(살균, 6-cm Petri dish):**

- 4 g $l^{-1}$(Chu *et al.*, 1975) (N6) salts(Sigma C-1416), 1 ml $l^{-1}$ Eriksson's Vitamin mix (1000×stock made from Sigma E-1511 powder), 0.5 mg $l^{-1}$ thiamine-HCl, 0.1 g $l^{-1}$ vitamin-free casamino acids. (**프로토콜** 5.3 참조/제조를 위하여 표 5.3 참조.)
- 옥수수 배양을 위한 보충물: pH 5.3
  - * 2 mg $l^{-1}$ 2,4-D, 20 g $l^{-1}$ sucrose, 0.8% agar
- 벼 배양을 위한 보충물: pH 5.8
  - * 4.4 mg $l^{-1}$ 2,4-D, 50 g $l^{-1}$ sucrose, 1.0% agar

식물재료-옥수수 낟알에서 얻은 미성숙 옥수수 배, **프로토콜** 6.1C를 참고하거나 겉껍질을 벗겨서 수화를 한 벼 종자에서 얻은 배를 사용한다.

### 프로토콜

**(Laminar flow hood에서 실험)**

1. 배유에서 배를 분리하여 배축이 배지에 접하도록 캘러스 개시 배지에 놓는다. plate 당 10개의 배를 놓는다.
2. Parafilm™이나 3M gas-permeable tape로 plate의 모서리를 밀봉하여 25℃ 암소에

배양한다.

3. 옥수수: 2-3주에 걸쳐 관찰을 한다; 부드러운 배 캘러스가 형성되면 똑같은 배지가 들어 있는 plate에 옮긴다. 형성된 캘러스는 표면에서 돌출된 수많은 작은 배양체를 가지고 있다.

   벼: 생장을 관찰하고 10-14일 마다 새로운 배지로 옮긴다.

4. 만일 배양체가 더 발달하게 되면, 2,4-D 농도를 증가시키거나 계대배양 시간을 줄인다.

# 프로토콜 6.5

## 나자식물(유럽가문비나무)에서 캘러스 유도

### 실험기구

**살균할 실험기구**

- Petri dish
- spatula

**살균하지 않는 실험기구**

- Parafilm™ 혹은 microspore gas-permeable tape
- 생장실(20–25℃ 암소 혹은 Petri dish를 알루미늄 포일로 싼다)

### 실험재료 및 시약

- 유럽가문비나무 캘러스 유도 배지(살균된 6-cm Petri dish)
- 0.5×Litvay's 배지; pH 5.6
  - 1% sucrose
  - 2 mg $l^{-1}$ 2,4-D
  - 1 mg $l^{-1}$ benzyladenine
  - 500 mg $l^{-1}$ casein hydrolysate
  - 250 mg $l^{-1}$ glutamine
  - 0.8% agar

**(배지를 만드는 법은 5장 참조)**

- 식물재료: 물을 흡수시킨 종자에서 얻은 배, **프로토콜** 6.1을 참고

### 프로토콜

**(Laminar flow hood에서 실험)**

1. 살균한 spatula를 사용하여 캘러스 유도 배지에 10–15개의 배를 놓는다.
2. Parafilm™이나 3M gas-permeable tape로 Petri dish의 모서리를 밀봉하여 20–25℃ 암소에 배양한다.
3. 2–4주 후에 새로운 배지에 옮긴다.

주 1회 관찰한다: 배양조직은 4주마다 계대배양을 하며 유지한다. 더 많은 캘러스를 얻기 위하여 살균한 메스로 캘러스를 나누어 새 agar plate에 놓는다.

# 프로토콜 6.6

## 유전자총에 의한 옥수수 캘러스의 형질전환

## 실험도구

### 살균할 실험기구

- Petri dish
- spatula
- 메스

### 살균하지 않는 실험기구

- Parafilm™ 혹은 microspore gas-permeable tape
- 생장실(지속적인 백색광이나 16시간 명기, 8시간 암기인 22℃)
- 유전자총(Biorad 사)

## 실험재료와 시약

배지는 모두 살균하여야 한다.

- Chu N6 agarose 배지(**프로토콜** 6.4를 참고, agarose 대신에 agar로 대체; 살균한 6-cm Petri dishes)
- 선택배지: 선택 marker를 위하여 항생제나 제초제를 보강한 agarose plate
- expression cassette에 선택적인 marker를 포함하는 Microprojectile/DNA 준비(4장 참조).
- 1주 미만 된 옥수수 캘러스

## 프로토콜

### (Laminar flow hood에서 실험)

1. 25-cm Petri dish의 Chu N6 agarose에 지름이 5 cm 정도 되는 둥근 배발생 캘러스를 준비한다. 입자가 가능한 얇은 층을 만들어야 적절하게 위의 세포층을 침투할 수 있다.
2. Petri dish를 particle 총에 놓고 캘러스를 조준하고 제조회사의 설명서에 따라 미세입자(microparticle)를 쏜다. 최적화는 주로 일과성 발현 시스템(transient expression system)을 사용하여 수행한다.
3. 캘러스를 선택 배지에 놓고 1-2주 정도 배양한다(**프로토콜** 6.4에서 설명한 바와 같은 생장조건).

4. 캘러스를 새로운 선택배지로 옮긴다. 1-2주 더 키운다. 1개의 초기 plate는 여러 개의 새로운 plate로 얇게 펼친다.
5. 어떤 캘러스는 선택 배지 하에서 다른 것 보다 더 잘 자란다. 이 캘러스는 형질 전환체이고, 선택적 마커 유전자와 관심 있는 유전자 모두 함유하고 있다. 이 캘러스를 새로운 선택적 plate에 두고 4주 더 키운다. 분자 생물학 기법으로 이 단계에서 전이유전자를 확인한다.
6. 이 단계에서 10-12주 후에 캘러스는 재발생을 위하여 plate에서 꺼내거나(11장) 세분화하여 형질전환 현탁배양(7장)을 할 수 있다.

# 프로토콜 6.7

*Agrobacterium*을 사용하여 형질전환된 *Arabidopsis thaliana*의 제조

## 실험기구

**살균할 실험기구**

- Petri dish
- spatula
- 메스

**살균하지 않는 실험기구**

- 생장실(지속적인 백색광이나 16시간 명기, 8시간 암기인 22℃)
- Parafilm™ 혹은 microspore gas-permeable tape

## 실험재료 및 시약

모든 배지는 살균해야 한다.

1. 1/2로 희석된 MS 액체 배지, 2% sucrose(계산을 위하여 Petri dish 당 25 ml, 즉 10 plate를 사용하면 250-300 ml를 준비한다).
2. 항생제 없는 10개 plate: 1/2배 MS 배지, 2% sucrose, 1% agar, 0.8 mg $l^{-1}$ BAP, 0.1 mg $l^{-1}$ IBA.
3. 2번과 같은 조성의 plate에 항생제 첨가: 100 μg $l^{-1}$ carbenicillin, 20 μg $l^{-1}$ timentin, (ticarcillin/clavulanic acid, Melford Laboratories), 선택적 항생제(예; 40 μg $ml^{-1}$ hygromycin).
4. 프로토콜 6.2와 같은 캘러스 유도 배지에 3번과 같이 항생제를 첨가한 10개 plates

## 프로토콜

**(Laminar flow hood에서 실험)**

1. 프로토콜 6.3에서 설명한 대로 잎 조각 캘러스를 준비한다.
2. 살균한 Petri dish에 25 ml MS 배지 + 2% sucrose + 400 μl 24시간 *Agrobacterium* 배양체에 잎 조각을 띠운다.
3. 28℃ 암소에서 회전배양기로 50 rpm으로 20분간 부드럽게 섞는다.
4. 액체 배지에서 잎 조각을 꺼내서 잎 조각 사이에 1-mm 틈을 두고 항생제가 없는 plate에 놓는다.
5. 포일로 plate를 싼다.

6. 암소(22℃)에서 3일 동안 배양한다.
7. 잎 조각을 항생제 plate에 옮기고 모서리를 Parafilm™이나 3M Micropore gas-permeable tape로 밀봉한다.
8. 잎 조각을 일주일 간격으로 새로운 항생제 plate로 옮긴다. 만일 줄기 형성이 필요하면 실험재료 및 시약 3번에서 설명한 plate를 계속 사용한다. 만일 캘러스 형성이 필요하면, 실험재료 및 시약 4번에서 설명한 plate를 사용한다.
9. 정기적으로 캘러스를 새로운 plate에 계대배양을 한다. 캘러스에서 식물이 재발생되는 것은 11장에서 설명한다.

The Basics

*Chapter 7*

# 세포 현탁배양

## 1. 서론

세포 현탁 배양체는 액체배지에서 세포가 빠르게 분열하며 생장하는 부유 세포이다. 일반적으로 현탁배양체는 agar에서 배양하는 캘러스보다 더 빨리 생장하고 실험적 조작도 더 쉽다. 기본적인 미생물 배양 기술을 사용하는데 전체적으로 단세포로 구성된 이상적인 현탁배양체를 얻는 것은 매우 힘들다. 대부분 현탁배양체는 흩어져 있는 단세포뿐만이 아니라 세포 덩어리로도 구성된다. 그러나 여러 세대 동안 선택과 계대배양으로 단세포 분산과 작은 세포 덩어리로 구성된 미세한 세포 현탁배양체는 확립되고 유지될 수 있다.

## 2. 세포 현탁배양의 시작

세포 현탁배양을 시작하고 확립하는 데 필요한 시간은 식물 종과 생장 배지에 따라 다르다. 그러나 일반적으로 쌍자엽은 단자엽보다 세포 현탁배양체를 확립하기가 더 쉽다.

세포 현탁배양은 주로 회전 배양기에서 자라는 캘러스(**프로토콜** 7.1) 조각을 액체 배지에 섞어 시작한다. 이 과정에서 가장 중요한 점은 단세포나 작은 세포 덩어리로 캘러스를 분산하는 것이다. 다음 세 가지 과정은 세포를 분산시키는 데 사용한다.

- 잘 부서지는 캘러스로 시작
- 부서지지 않는 캘러스로 시작
- 세포벽 분해 효소를 처리한 캘러스로 시작

모든 경우에, 현탁배양을 하기 위하여 선택된 캘러스는 건강하고 잘 자라는 것이어야 한다. 건강상태를 진단하는데 배양체 외형은 중요하다; 즉, 하얀색 혹은 크림색 캘러스는 건강한 배양 상태인 반면 진한 갈색의 배양은 거의 사멸직전이거나 죽은 세포이다. 세포 수준에서 배양 상태를 알아보기 위하여 배양액을 무균상태에서 조금 덜어내어 광학현미경으로 관찰을 한다. Evans Blue 염색(7장, **프로토콜** 7.3 참조)이나, Hoechst 염색을 하여 형광현미경으로 측정한 분열지수로 분열하는 세포 비율을 측정하여 건강한 세포의 수를 신속하게 알 수 있다. 캘러스 배양의 생장성과 생존력을 측정할 수 있는 가장 신뢰하는 방법은 생장률을 측정하는 것이다.

### 2.1 잘 부서지는 캘러스에서 유도하기

현탁배양을 시작할 때 가장 일반적으로 사용하는 시작 재료는 잘 부서지는 캘러스인데, 그 이유는 액체 배양시 휘저어 섞으면 잘 부서지기 때문이다. 부서지기 쉬운 성질(friability)은 현탁배양을 할 때 매우 중요한 요인이기 때문에, 여러 과정을 거쳐 적당하게 잘 부서지는 캘러스를 얻는다. 예를 들면, 액체 배양으로 이동하기 전에 캘러스는 2-3주 동안 7일 주기로 계대배양을 하고, 또는 캘러스 배지에서 auxin 농도를 높여 auxin과 cytokinin의 비율을 변화시킬 수 있다.

배양을 시작할 때, 캘러스 조직과 액체 배지의 적절한 비율을 정하는 것이 중요하다. 100 ml 당 약 2-3 g의 부서지기 쉬운 캘러스를 첨가하면 건강한 현탁배양체를 확립할 수 있다. 캘러스 조직의 양이 적으면 분열이 잘 일어나지 않는다. 높은 밀도의 캘러스를 접종하면 초기에 계대배양을 해야 하는데, 부피가 큰 액체에 적은 양의 캘러스를 넣는 것이 좋다. 세포가 캘러스에서 떨어져 나오고 현탁을 형성함에 따라 새로운 배지에 계대배양할 필요가 있을 것이다. 계대배양은 1:1 비율로 해야 한다. 반복적인 계대배양의 과정은 배양이 원하는 밀도에 도달할 때까지 계속 한다.

활발하게 분열하는 미세한 세포 현탁은 커다란 세포 덩어리를 거른 후 초기 단계에서 배양 개시를 하여 선택할 수 있다. 반복적으로 계대배양하고 거르면 배양은 작은 세포 덩어리와 자유롭게 떠 있는 단일 세포의 현탁배양체로 된다.

### 2.2 부서지지 않는 캘러스에서 유도하기

세포 현탁배양을 시작하기 위하여 부서지지 않는 캘러스 배양체에서 조각을 떼어 액체 배지에 옮겨 진탕기에서 섞으며 키울 수 있다. 캘러스는 적당한 정도의 견고성이 나타날 때까지 규칙적으로 계대배양을 한다. 그리고 위에서 부서지기 쉬운 캘러스에서 설명한 바와 같이 세포 현탁배양을 시작하여 확립한다.

### 2.3 효소가 처리된 캘러스에서 유도하기

초기 단계에서 캘러스는 세포 현탁이 형성될 때까지 낮은 농도의 세포벽 분해 효소가 들어 있는 액체 배지에 옮기고 계대배양을 한다. 식물 세포의 중엽을 분해하여 세포를 떨어뜨리는 pectinase가 주로 사용되며 가끔 cellulase를 첨가하기도 한다.

## 3. 세포 현탁배양체의 유지

세포 현탁배양체는 비연속 배양이나 연속 배양에서 비동기적(asynchronously)으로 생장을 한다. 다양한 배양 용기와 shaker가 식물 세포 현탁배양의 비연속 배양에 사용된다(그림 7.1). 비연속 배양에 적절한 용기로는 가스 교환이 최대가 되도록 큰 표면적이 있는 것이 좋다. 예를 들면, 100-ml 삼각 플라스크에 20 ml 배양 배지 혹은 250-ml 삼각 플라스크에 50-100 ml 배양 배지를 넣으면 25°C에서 100-120 rpm으로 배양을 흔들면

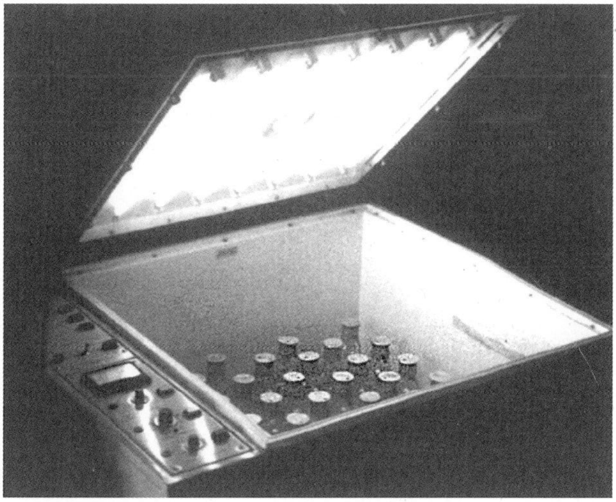

**그림 7.1**

**현탁배양을 위한 전형적인** orbital incubator shaker. 배양기 뚜껑(열려 있는)에 있는 원예용 형광등으로 조명을 하고 플라스크는 바닥에서 회전 운동으로 흔들린다. 온도는 조명과 함께 밤/낮 주기로 조절된다.

충분한 가스 교환이 일어난다(그림 7.2). 살균하여 물기가 없는 알루미늄 포일 캡으로 플라스크를 막는다. 내부 칸막이(internal baffle)가 있는 삼각 플라스크는 형성되는 세포 덩어리를 잘게 조각내는데 사용되기도 한다. 확립된 배양은 배양의 생장에 따라 1-3 주마다 계대배양을 한다. 배출구가 막히는 것을 방지하기 위하여 구멍이 큰 피펫을 사용하여 무균 조건에서 옮긴다. 현탁배양은 초기 정지기(stationary phase; 그림 7.3)에서 계대배양을 하고 규칙적인 간격으로 배양체의 배발생적 능력을 평가해야 한다.

여러 다른 유형의 발효조(fermentor)나 생물반응장치(bioreactor)는 식물세포 현탁배양의 연속 배양에 사용된다. 실험실에서 사용하는 가장 일반적인 유형의 시스템은 배양 부피가 약 7.5 l이며 미생물 배양에 사용되는 교반용기발효조(stirred-jar fermentor)이다. 상업적으로 화합물과 중합체 생산을 위하여 키우는 세포 배양은 75,000 l 용량을 가진 복잡한 생물반응장치에서 배양한다.

## 4. 세포 현탁배양체의 생장 특징

### 4.1 세포 유형

식물세포 현탁배양체는 일반적으로 다양한 형태와 상태를 가진 세포로 이루어져 있다. 세포집합체에서 세포는 단일세포와 다른 미세 환경에서 존재하고 배양 조건의 변화에 따라 다르게 반응한다. 대부분의 현탁배양체에서 최소한 두 가지 형태의 세포가 구별된다. 세포집합체는 일반적으로 작은 등직경(가로와 세로의 길이가 같은) 세포로 구성

**그림 7.2**

**당근의 현탁배양 플라스크.** 공기가 충분히 통하도록 현탁액 부피(100 ml)보다 큰 플라스크(250 ml)가 필요하다.

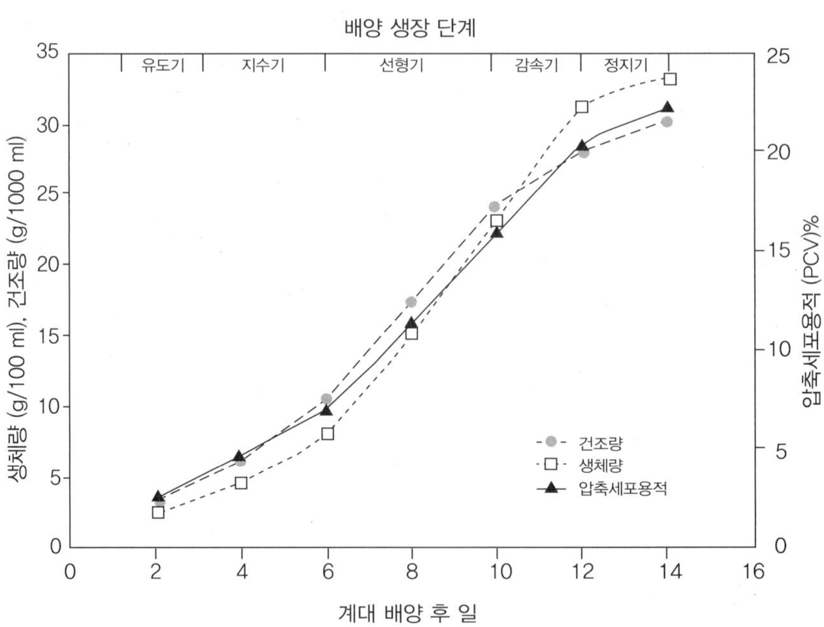


**그림 7.3**

**현탁배양시 당근 세포의 생장 곡선.** 이 경우, 주기의 끝에 세포가 정지기로 들어감으로 전체 배양 주기는 약 14일이다. 배양을 유지하기 위하여, 초기 정지기에 새로운 배지로 계대배양을 해야 한다.

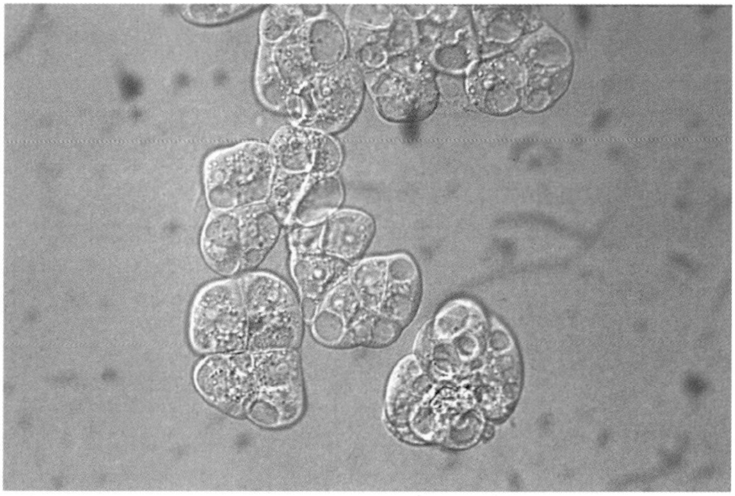

**그림 7.4**

**2,4-D가 있는 현탁배양에서 얻은 등축(isodiametric) 당근세포.** 세포가 분열하면서 분리되지 않고 세포 덩어리로 형성되는 것을 주목하자.

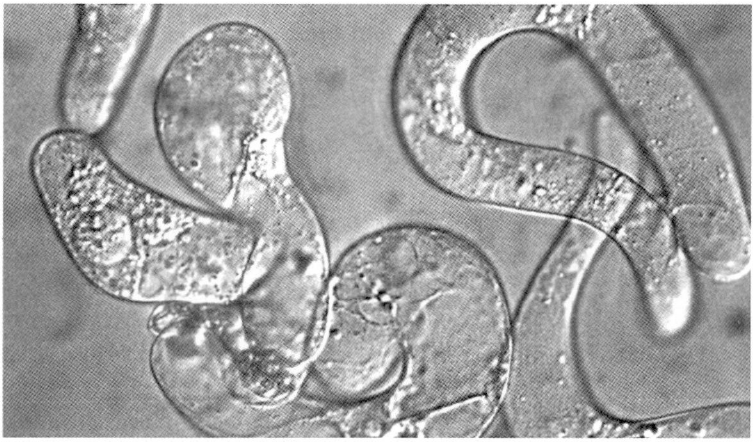

**그림 7.5**

**NAA가 있는 현탁배양에서 얻은 신장된 당근세포**

된다. 단일 세포는 사용한 auxin의 타입에 따라 커지고 신장한다(그림 7.4와 7.5). 세포 타입의 비율은 배양의 계대 동안에 변화가 일어나고 배양 배지에 있는 auxin의 성질에 의존한다.

## 4.2 배양체 생장의 모니터링

세포 현탁배양체의 생장은 생장 주기 동안에 간격을 두고 다음과 같은 매개변수로 측정할 수 있다.

- 세포 수
- 압축세포용적(packed cell volume; PCV)
- 생체량과 건조량
- 세포 생존력
- 배지 전도도

정지기 단계가 시작될 때까지 두 가지 방법을 선택하여 배양을 측정하면 좋다.

### *세포수*

혈구계산기(haemocytometer)를 사용하여 단위 부피당 세포 수를 측정할 수 있다. 최소한 3영역에서 수를 세어 전체 측정된 세포 수가 1,000개 이상이 되도록 현탁액을 희석한다. 현탁액에서 세포 집합체와 큰 크기의 단일 세포가 있으면 혈구계산기의 혈구계산판에 불완전하게 주입되어 세포 수 측정이 부정확하게 된다. 이러한 문제를 해결하기 위하여 Reinert and Yeoman(1982)이 설명한 것과 같이 10% HCl과 10% chromic acid로 세포 덩어리를 흩뜨리고 큰 세포에 적절하게 개량된 Neubauer 타입 혈구계산기(혈구계산판 깊이, 0.1 mm)를 사용한다. 부식을 일으키는 산을 사용할 경우에는 조심스럽게 다루어야 하고 산의 처리는 후드 안에서 해야 한다.

### *압축세포용적(PCV)*

일정하게 섞인 세포 현탁용액의 분액(10-15 ml)을 눈금이 있는 튜브에 옮기고 회전로터를 사용하는 원심분리기에서 낮은 속도로 회전시킨다. PCV는 전체 부피에서 세포 침전물(**프로토콜 7.2 참조**)이 차지하는 부피의 퍼센트로 계산한다. 위에서 설명한 것과 같이 침전물은 용액에 풀어서 세포 수를 측정한다. PCV는 미세현탁배양에서만 정확하다.

### *생체량과 건조량*

생체량은 세포를 수확하자마자 무게를 측정하고 건조량은 세포를 60°C에서 48시간 동안 건조시킨 후 무게를 측정한다(그림 7.3과 **프로토콜 7.2B** 참조)

### *세포 생존력*

Evans blue와 fluorescein diacetate(FDA; **프로토콜 7.3A와 7.3B** 참조)와 같은 생존 염색법을 사용하여 세포 수를 측정하여 배양액에서 살아 있는 세포의 퍼센트를 대충 계산할 수 있다.

### *전도도와 pH*

배지 전도는 종종 현탁배양체의 생장을 모니터하는 편리한 방법으로 사용된다. 전도도 측정은 전도도 측정기로 신속하게 측정할 수 있지만 각 새로운 현탁배양체는 다른 생장 데이터와 비교하여 이 방법이 정확한지 평가하여야 한다. 일반적으로 배지의 전도도는 시간이 지남에 따라 감소하는데 이는 배양체가 배지에서 전해액을 흡수하여 사용하고 있는 것을 나타낸다.

pH의 변화도 배양 주기의 다양한 단계를 나타낸다. 대수기(logarithmic phase) 초기에는 산성(pH 3.5-4.5)이고, 안정기에서는 pH 5로 된다. pH가 갑자기 감소하는 것은 대사 활성에서 양성자가 생성되고 배지에 완충작용을 제공하는 인과 같은 배지의 조성이 빠르게 제거되기 때문이다.

### 4.3 오염

계대배양 전과 직후에 미생물 오염의 징조를 검사하여야 한다. 빠른 시간 내에(예, 24시간 이내) 불투명하고 짙은 흰색이나 분홍색이 나타나는 것은 효모나 박테리아 오염을 나타낸다. 오염의 성체는 현미경으로 배지 샘플을 검사하여 확인할 수 있다. 곰팡이 오염은 일반적으로 옮긴 후 48시간 이내에 원형의 균사체가 발달한다. 오염이 의심되는 모든 배양체는 고압증기 살균을 하여 즉시 제거하여야 한다.

## 5. 세포 현탁배양체의 사용

식물세포 현탁배양체는 연구와 상업적 이용을 위하여 광범위하게 적용할 수 있다.

연구를 위하여 세포 현탁배양체는 유지가 쉽고 실험 접근의 응용성이 대단히 크다. 세포 현탁배양체는 생장과 분화에 영향을 미치는 다양한 요인과 화합물을 연구하는데 이상적이다. 중요한 장점의 하나는 대부분 세포가 배지에 직접적으로 접촉하여 농도기울기의 효과가 없다는 것이다. 세포 현탁배양체는 세포분열을 연구하기 위하여 유용한 시스템이고 이들의 생장은 세포주기 연구를 위하여 동조화시킬 수 있다. 세포 현탁배양체의 또 다른 특징은 다수확으로 원형질체를 빨리 준비하는 데 사용할 수 있는 것이다. 원형질체 자체는 기초연구와 응용 연구를 위한 독특한 시스템이다.

세포 현탁배양체에서 체세포배 형성은 상업적 식물을 대량 생산하는데 이상적이다. 세포 현탁배양체의 가장 큰 상업적 응용의 잠재력은 식물유래 화학물질과 재조합된 제약 단백질을 위한 생산 시스템으로 사용하는 것이다(14장과 15장 참조).

### 참고문헌

**Reinert, J. and Yeoman, M.M.** (1982) *Plant Cell and Culture*: *A Laboratory Manual*. Springer-Verlag. Berlin.

# 프로토콜 7.1

## 세포 현탁배양을 시작하는 일반적인 프로토콜

다양한 타입의 캘러스에 적합한 프로토콜이다.

### 실험기구

- 캘러스를 위하여 정확한 온도가 설정된 배양기(6장 참조)
- 130 rpm으로 회전하며 식물 종에 적합한 온도가 설정되며 형광등과 타이머가 부착된 회전배양기
- Laminar flow cabinet
- Bunsen burner
- 고압증기 살균기
- 알루미늄 포일로 싸서 살균한 메스와 핀셋
- 유리 Petri dish(기구를 식히는 동안 넣어둘 때 사용)
- 살균된 Petri dish(유리 혹은 플라스틱)

### 실험재료 및 시약

- 고체 배지에 현탁배양으로 옮길 캘러스가 있는 Petri dish
- 캘러스 생장에 적절한 배지가 들어 있는 플라스크(**프로토콜** 6.1-6.5 참조)
- 100-ml 플라스크에 20 ml 용량 혹은 200-ml 플라스크에 50-100 ml 용량을 넣는 것이 좋다.
- 70% w/v 에탄올

### 프로토콜

1. 70% 에탄올로 laminar flow cabinet을 전체적으로 살균한다. 사용하기 20분 전에 켜 놓는다.
2. 70% 에탄올을 알루미늄 포일로 싼 기구에 뿌리고 마를 때까지 cabinet에 둔다.
3. 캘러스 plate를 cabinet에 가져 올 때, plate에 표시한 마커 펜이 알코올에 지워지지 않도록 조심스럽게 살펴본다. 만일 그렇다면 plate의 표시되지 않은 부분을 알코올에 적신 종이로 닦는다.
4. 70% 에탄올로 배지가 들어 있는 플라스크에 뿌리고 말린다.
5. 살균된 기구와 캘러스가 있는 Petri dish의 알루미늄 포일을 벗긴다.
6. 메스와 핀셋으로 캘러스를 살균한 Petri dish에 옮기고 작은 조각으로 자른다. 조직

은 2-3 mm 직경이 되도록 자른다. Petri dish를 닫는다.

7. 유리구슬 살균기로 기구를 재살균한다. 사용하기 전에 식힌다.
8. 배지가 들어 있는 새로운 플라스크의 뚜껑을 연다.
9. 핀셋으로 캘러스를 집어서 플라스크로 옮긴다. 캘러스가 플라스크 목 주위에 닿지 않도록 한다.
10. 새로운 알루미늄 포일 뚜껑으로 플라스크 입구를 밀봉한다.
11. 플라스크를 orbital incubator로 옮긴다. 눈으로 생장을 모니터한다. 오염된 플라스크는 제거한다. 1주나 2주 내에 캘러스에서 부서진 세포의 수가 배지에서 증가하는 것을 관찰할 수 있다.
12. 7-10일 후에 양이 증가하는 것과 상관없이 계대배양을 해야 한다. 만일 조직의 양이 크게 증가하지 않는다면 2차 계대 때에는 적은 양의 배지를 사용한다.
13. 세포들이 플라스크의 바닥에 가라앉도록 한다. 피펫으로 액체배지를 제거하고 새로운 배지를 넣는다.
14. 상당한 양의 세포가 축적될 때까지 이 방법으로 계대배양을 반복한다. 그리고 일정한 부피의 세포(예를 들면 100 ml에서 10 ml)를 피펫으로 꺼내어 새로운 플라스크로 옮긴다.
15. 적절한 비율로 세포의 양이 증가하지 않는다면, 같은 부피의 액체 배지에 보다 큰 부피의 캘러스를 사용하여 처음부터 과정을 반복한다.

# 프로토콜 7.2

## 현탁배양체의 생장 모니터링

### Part A – 압축세포용적(PCV)

#### 실험기구

- 살균된 10-ml 피펫
- 자동피펫(피펫 필러)
- 살균된 눈금이 있는 원심분리기 튜브
- 원심분리기(swing-out rotor가 좋음)
- 그래프 용지

#### 실험 재료 및 시약

한 플라스크에서 계대배양을 한 현탁배양 세포가 균등하게 들어있는 플라스크. 계획된 일정에 맞게 매일 1개의 플라스크가 있어야 한다.

#### 프로토콜

1. 일정한 부피의 현탁배양체를 15-ml 눈금이 있는 플라스틱 원심분리기 튜브에 피펫으로 넣고 세포가 가라앉도록 하든지 혹은 5분 동안 1000 ***g***로 원심분리를 한다. 현탁배양 세포는 매우 빨리 가라앉기 때문에 샘플을 채취하기 전에 즉시 전체적으로 흔들어 주어야 한다.
2. 침전물의 부피를 기록한다.
3. 같은 시간에 매일 반복하고, 시간에 따라 그래프를 그린다. 세포 수는 생장의 지수기에 급격하게 증가하고 안정기에 도달한다. 생장주기가 안정하면 새로운 배양에서도 반복되어야 한다. 이 정보로 배양이 초기 안정단계 시기를 알아내고 계대배양을 하는 시기도 정한다.

### Part B – 생체량과 건조량의 측정

#### 실험기구

- 유리 필터 깔때기
- Whatman no. 1 여과지; 직경 9 cm

- Buchner flask(vacuum과 연결하는 side arm이 있는)
- 미세한 저울
- 60°C로 설정된 오븐

## 실험재료와 시약

세포가 들어 있는 플라스크. 계획된 일정에 맞게 매일 세포가 들어 있는 플라스크가 있어야 한다.

## 프로토콜

1. 생체량 측정을 위하여, 세포 현탁액을 미리 무게를 측정한 Whatman no. 1 여과지에 거르고 진공으로 물을 제거한 후 여과지 무게를 다시 측정한다.
2. 건조량 측정을 위하여, 미리 무게를 측정한 여과지를 사용하여 알고 있는 부피의 세포를 거르고 48시간 동안 60°C에서 건조시킨다. 건조된 세포의 무게를 측정하기 어려워 이 방법은 많은 부피를 사용하지 않으면 부정확하다.
3. 정확한 생장 곡선을 얻기 위하여 반복구(replicate)로 반복한다. 더 이상 생장이 측정되지 않아 안정기에 도달할 때까지 매일 같은 시간에 반복하여야 한다.
4. 생장 곡선을 얻기 위하여 시간에 따라 생체량이나 건조량의 무게를 그래프로 그린다.

# 프로토콜 7.3

## 세포 생존력 측정

### Part A – Evans blue 염색법

#### 실험기구

- 피펫
- 광학현미경
- 작은 플라스틱 튜브, 1.5 ml 용량
- 슬라이드글라스와 커버글라스

#### 실험재료와 시약

- 분석할 현탁배양세포가 들어 있는 플라스크
- 0.1% Evans blue 염색 stock solution

#### 프로토콜

1. 작은 플라스틱 튜브에 0.5 ml 세포 현탁액과 Evans blue stock solution 1방울을 섞는다.
2. 실온에서 2분간 둔다.
3. 슬라이드에 1방울 떨어뜨리고 커버글라스를 덮고 방울을 제거한다.
4. 광학현미경으로 관찰한다. 시야에 적어도 100개의 세포가 있도록 한다. 살아있는 세포는 Evans blue 염색이 되지 않고, 죽은 세포는 푸른색으로 염색이 된다.
5. 염색된 세포와 염색되지 않은 세포의 수를 센다. 생존력을 측정하기 위하여 살아있는 세포의 퍼센트를 계산한다.

### Part B – Fluorescein diacetate(FDA)로 하는 형광 염색법

#### 실험기구

- 형광현미경
- 슬라이드글라스와 커버글라스
- 0–10-μl와 200–1000-μl 용량의 자동 피펫

- 1.5-ml 용량의 Eppendorf tube
- acetone으로 0.5 mg $ml^{-1}$로 녹인 FDA(Sigma chemicals, Poole, Dorset) stock solution
- 세포나 원형질체 현탁액

### 프로토콜

1. Eppendorf tube에 5 μl FDA stock solution과 0.5 ml 원형질체 현탁액을 섞는다.
2. 실온에서 2분간 둔다.
3. 슬라이드글라스에 1방울을 떨어뜨리고 커버글라스로 덮은 후 형광현미경으로 관찰한다. 최소한 100개의 세포가 보이고 서로 떨어져 있도록 한다.
4. 시야에서 형광 염색된 세포와 염색되지 않은 세포의 수를 센다. 형광 염색된 세포는 살아 있는 세포이다. 살아 있는 세포가 80%가 넘으면 건강한 현탁배양액이다.

## Part C – Hoechst 염색으로 측정하는 분열지수(Mitotic Index)

### 실험기구

- 형광현미경
- 슬라이드글라스와 커버글라스
- 0–10-μl와 200–1000-μl 용량의 자동 피펫

### 실험재료 및 시약

- 물에 1 mg $ml^{-1}$로 녹인 Hoechst 염색(장갑을 착용하고 다룰 것)
- 세포나 원형질체 현탁액

### 프로토콜

1. 현미경 슬라이드글라스에 세포 현탁액 1방울에 Hoechst 염색 1방울을 떨어뜨린다.
2. 5–15분 동안 둔다.
3. 커버글라스로 덮고 여분의 염색용액은 종이로 흡수한다.
4. UV 필터가 장착된 형광현미경으로 관찰한다. 분열하는 핵은 강한 청색 형광 빛을 낸다. 분열지수는 분열중인 세포의 비율로 계산할 수 있다.

# 프로토콜 7.4

## 현탁배양된 세포의 유전적 형질전환

### 실험기구

- 작은 Petri dish
- 자동 피펫과 살균된 tip
- 광원은 없고 25℃로 설정된 배양기
- 원심분리기와 튜브
- 살균된 메스와 핀셋

### 실험재료 및 시약

- 3일 동안 배양한 현탁배양세포가 들어 있는 플라스크
- 하룻밤 동안 배양한 *Agrobacterium tumefaciens*(600 nm에서 OD값은 2.0)
- 새로 만들어 살균한 세포배양배지
- 0.8% agar와 항생제(kanamycin 혹은 hygromycin, 4장 참조)와 *Agrobacteria*를 죽이는 항생제(carbenicillin과 timentin, 6장 참조)와 같은 시약이 들어 있는 세포배양배지가 들어 있는 Petri dish.

### 프로토콜

1. 3일 동안 배양한 현탁배양세포 1 ml를 취하여 살균된 작은 Petri dish로 옮긴다.
2. 하룻밤 동안 배양한 *Agrobacterium tumefaciens* 50 μl를 첨가한다.
3. 배양액을 섞은 후 25℃에서 2일간 암소에서 배양한다.
4. 살균된 피펫을 사용하여 원심분리 튜브로 옮기고 5분 동안 50 g로 원심분리를 한다.
5. 여분의 박테리아를 제거하기 위하여 살균된 배양 배지로 침전물을 3회 씻어낸다.
6. *Agrobacteria*를 제거하기 위하여 적절하게 선택된 항생제와 항생제 혼합체가 들어간 고체 배양배지 plate를 준비한다.
7. 살균상태에서 각 plate에 배양액 1 ml를 뿌리고 plate를 돌려서 전체 표면에 세포가 퍼지게 한다.
8. plate에 미세캘러스(microcalli)가 자라도록 25℃ 암소에서 1개월 동안 배양한다.
9. 이후, 형질전환된 미세캘러스를 plate에서 스크린한다(예를 들면, GFP를 사용하였으면 자외선램프로 스크린한다).
10. 선택된 미세캘러스를 살균한 핀셋으로 새로운 plate에 옮긴다.

The Basics

Chapter 8

# 원형질체 배양

## 1. 서론

식물세포벽은 다당류와 단백질로 구성된 다층 구조이다. 다당류는 glucose 중합체인 cellulose, galacturonic acid 중합체인 pectic compound, xylose, arabinose, mannose로 구성된 중합체인 hemicellulose가 있다. 세포벽은 3층으로 구성되어 있다.

- 중엽(middle lamella) - 세포 분열동안 처음 형성되는 층이며 세포벽의 외부 표면에 형성되고 이웃 세포와 공유한다. pectic compound와 단백질로 구성되어 있다.
- 1차 세포벽 - 젤과 같은 pectic compound, hemicellulose, 당단백질의 기질에 묻혀있는 cellulose microfibril이 뼈대를 구성하며, 중엽 다음에 형성된다.
- 2차 세포벽 - 세포크기가 확장된 후 형성되며 cellulose, hemicellulose, lignin으로 구성된 단단한 구조이다.

세포벽은 여러 가지 중요한 역할을 수행하는데, 두 가지 주요 기능은 다음과 같다. (i) 팽압이 높아져도 세포가 터지지 않도록 인장강도와 탄력성을 제공하고, (ii) 침입하는 미생물이 식물세포 안으로 들어오지 못하도록 단단한 물질적 방어벽을 제공한다. 세포벽 구멍 크기는 바이러스조차 차단할 수 있을 정도로 작다. 부생식물(saprophyte)과 식물 기생체는 세포벽을 분해하는 다양한 가수분해 효소를 가지고 있어 세포 안으로 들어갈 수 있다.

효율적인 방어벽인 세포벽의 특성 때문에 큰 분자를 세포 안으로 주입하거나, 체세포 융합, 유전적 조작 등과 같은 다양한 세포와 조직 배양 기술이 식물세포에서 사용이 제한되었다. 그래서 이 기술은 세포벽을 제거한 후에만 식물 세포에 적용할 수 있다.

세포벽을 조심스럽게 제거하면 원형질체라고 하는 살아 있는 구형 세포가 된다(그림 8.1). 원형질체는 원형질막으로만 둘러싸여 있는 세포 내용물로 구성되어 있다. 적절한 배양 조건에서 원형질체는 세포벽을 재합성하고 세포 분열을 하여 새로운 식물로 재발생할 수 있는 캘러스를 형성한다.

## 2. 원형질체 분리

원형질체는 온전한 식물체나 캘러스 그리고 현탁배양체와 같은 식물조직배양체에서 분리할 수 있다. 원형질체 분리를 위한 세포벽 제거는 기계적인 방법이나 효소 분해

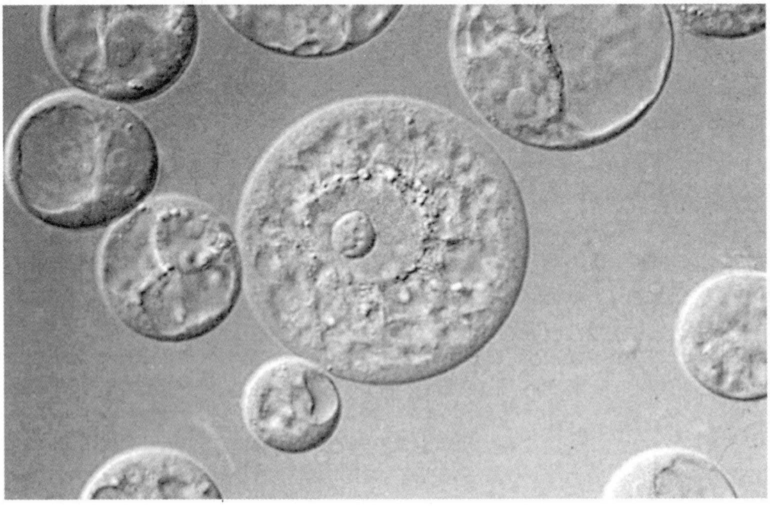

**그림 8.1**
**세포벽을 효소로 분해하여 당근 현탁배양체로부터 분리한 원형질체.**

로 할 수 있다.

## 2.1 기계적인 분리

물리적으로 실시하는 기술의 핵심은 원형질 분리가 일어난 조직을 많이 다진 후 세포의 잘라진 부분에서 원형질체가 나오도록 세포질 복귀가 일어나도록 하였다. 이 기술은 초기에 시도한 방법으로 사용하기가 힘들고 원형질체 생산율이 매우 낮았다. 현실적인 이유로 이 방법은 세포벽 분해 효소가 원형질체에 해로운 영향을 주고 적은 양의 원형질체가 필요한 특수한 경우를 제외하고 거의 사용하지 않는다.

## 2.2 세포벽의 효소 분해에 의한 분리

효소 분해에 의한 세포벽 분리는 1960년에 Cocking이 처음 시작하였고 현재 가장 널리 사용되는 방법이다. cellulase, hemicellulase, pectinase를 혼합하여 사용하여 세포벽을 분해한다. 이 효소는 세포벽을 분해하는 미생물체를 걸러서 얻는다. 일반적으로 사용되는 cellulase(Onozuka R10)는 사상균인 *Trichoderma reesei*에서 얻으며 여러 종류의 cellulase와 hemicellulase가 포함되어 있다. 가장 많이 사용하는 pectinase는 Macerozyme이고 대체효소는 Pectolyase와 Pectinase(Sigma, St Louis, Missouri, USA)이다.

손상되지 않고 살아있는 원형질체를 준비하는 데 가장 중요한 요소는 지지 역할을 하는 세포벽이 없을 때 원형질체의 삼투분해를 막기 위하여 분리하는 동안에 등장액 조건을 유지하는 것이다. 일반적으로 실험배지의 긴장성(tonicity)은 삼투안정제인 mannitol과 sorbitol의 농도를 조절하여 유지한다. 그러나 어떤 경우에는 sucrose와 같이 대사 가능한 당이 첨가되기도 한다.

일반적으로 식물조직은 가수분해 효소와 적절한 삼투안정제가 들어 있는 용액에서 배양을 한다(**프로토콜 8.1** 참조). 분해용 배지는 원형질막 안정도를 높이기 위한 칼슘 이온과 세포 용해로 일어날 수 있는 pH 변화를 조절하기 위한 양성자 완충액이 들어있다. 일반적으로 mannitol과 sorbitol의 농도는 초기에 원형질분리(세포벽에서 원형질체가 수축하는 것)가 일어나도록 한다. 세포벽 분해 효소를 첨가하기 전에 미리 원형질분리 배양 단계에 식물조직을 배양하는 것이 일반적이다. 그러나 이 단계는 특히 오랫동안 효소 분해가 필요한 최근 방법에서는 실시하지 않는다.

줄기나 뿌리와 같은 식물조직은 작은 조각으로 자른다. 엽육조직의 원형질체를 분리하기 위하여 잎을 벗겨 내고, 표피는 핀셋으로 제거하고 벗겨진 잎을 배양 배지에 담근다. 종종 침투가 잘되도록 조직에 분해용 배지를 넣는 과정을 진공 상태에서 하기도 한다. 만일 식물조직이 캘러스이면, 조직을 작은 조각으로 부순다. 현탁배양된 세포를 모으고 씻어 적절한 배양 배지에서 다시 부유시킨다. 가수분해 효소에 노출되는 시간의 길이는 조직과 사용하는 효소의 농도에 따라 달라진다. 낮은 효소 농도에서 배양 시간은 12–14시간 정도이고 반면에 높은 농도에서 총 배양 시간은 2–3시간이다.

### 2.3 분리된 원형질체 정제

효소 분해 배양이 끝나면, 분리된 원형질체는 효소와 세포 조각을 제거한 후 적절한 배지로 옮겨야 한다. 정제 단계는 조심스럽게 원심분리를 하거나 혹은 nylon mesh(약 60–70 μm)로 거른 후 원심분리를 하거나 밀도기울기원심분리(density gradient centrifugation)를 한다.

### 2.4 원형질체 생존도와 밀도

분리된 원형질체 생존도는 현탁배양에서 세포에 사용한 생존도 검사와 같은 방법으로 한다. Evans blue에 염색되지 않은 세포를 현미경으로 보거나 FDA가 축적된 것을 형광 현미경으로 관찰하는 것이 기본적인 생존도 검사이다(7장 참조).

현탁액에서 원형질체 밀도(수/부피)는 일반적으로 깊이가 0.2 mm를 가진 Neubauer 혹은 Fuchs-Rosenthal과 같은 변형된 haemocytometer로 세어서 결정한다.

## 3. 원형질체 배양

분리된 원형질체는 세포벽을 재형성하고 캘러스가 되도록 적절한 배지에서 배양한다. 적절한 배양 조건을 결정하기 위하여, 다음과 같은 사항이 중요하다. (i) 배양을 위한 적절한 밀도를 결정하는 것이다. 만일 밀도가 너무 낮으면, 원형질체는 주위 배지가 상대적으로 높은 부피이기 때문에 적당한 세포 요소가 손실되어 분열이 일어나지 않는다. (ii) 적절한 auxin과 cytokinin의 비율을 확립하는 것이다. 이것은 6장에서 설명한 것과 같이 growth square 실험을 통하여 결정할 수 있다. (iii) 세포벽이 재형성될 때까지 배지에 삼투방어제를 계속 유지하는 것이다. 농도는 세포 생장과 분열에 따라 성공적인 계대배양과 함께 점차적으로 줄일 수 있다.

원형질체는 다음과 같은 방법으로 배양한다.

- Hanging-drop culture. 이 방법은 습도를 유지하기 위하여 살균된 증류수가 들어 있는 Petri dish에 배양된 원형질체를 1방울(100 μl)을 떨어뜨리는 것이다. 작은 부피가 필요하기 때문에 이 방법은 적절한 생장 조건을 확립하는 데 필요한 방법이다.
- micrtotitre plates의 well
- agarose plate를 사용한 반고체 배지. 이 방법은 원형질체에게 지지 matrix를 제공하기 때문에 효과적인 방법이다. 일반 agar는 원형질체에 영향을 주는 독성이 있기 때문에 낮은 온도에서 고체화되는 agarose를 대신 사용한다. 원형질체는 agarose에 층으로 뿌리거나 40℃에서 적은 부피의 agarose에 현탁배양체를 넣고 굳기 전에 작은 Petri dish에 붓는다. 또 다른 방법으로 protoplast-gel suspension을 Millipore filter나 nylon membrane에 층이 되도록 뿌리는 것이다. nylon membrane의 위에 있는 gel에 들어 있는 원형질체는 보호재배(nurse culture)를 거쳐 배양된다. 보호재배는 agarose gel에 묻혀서 활발하게 분열하는 비배아발생적 배양 세포로 구성된다. 보호재배는 원형질체에게 세포벽 생성과 세포 분열을 촉진하는 생장요소를 제공한다.

어떤 종의 원형질체는 분리된 지 몇 시간 내에 세포벽 재생성을 시작하는 반면에 다른 종은 며칠이 걸리기도 한다. 세포벽의 형성은 Calcofluor White를 사용 후에 일어나게 할 수도 있다(**프로토콜** 8.9 참조). 이 형광 염색은 세포벽 물질에 결합하여 형광 현미경으로 검출할 수 있다. 원형질체가 새로운 세포벽을 형성하면 분열하여 캘러스가 형성된다.

## 4. 원형질체의 이용

원형질체는 응용식물과학뿐만 아니라 기초연구에도 유용한 단일세포 시스템이다. 원형질체는 광합성과 같은 식물세포 대사 연구에 이용될 수 있다. 원형질체는 세포벽 합성과 축적에 대한 연구에 이상적이고 액포나 핵과 같은 세포소기관의 분리를 위한 시작점이다. 더 나아가, 원형질체는 유동세포분석법(flow cytometry)이 가장 잘 적용되는 고등식물시스템이다. 유동세포분석법은 세포구성요소에 특수한 형광 표지를 사용하는 기술이고 포유동물세포 연구에 광범위하게 적용되고 있다. 세포 내의 형광분자나 첨가된 형광 태그를 사용하는 유동세포분석법은 세포 분석과 식물 원형질체의 세포 분류에 사용될 수 있다(Coba de la Pena and Brown, 2001).

원형질체는 *Agrobacterium*에 의해 형질전환이 되는데, 세포벽이 없어서 직접적인 DNA 전달 방법으로 유전적 형질전환을 할 수 있는 편리한 세포 시스템이다. 플라스미드 DNA를 원형질체로 직접 전달하는 것은 다음과 같은 방법으로 할 수 있다.

- 전기천공법(electroporation) - 짧고 높은 전압의 펄스를 주면 원형질체의 막에 일시적

으로 구멍이 생긴다. 어떤 구멍은 DNA가 유입될 정도로 크고 DNA가 들어간 후 다시 봉합된다(**프로토콜** 8.12 참조).

- 화학적 방법 - 칼슘이나 PEG를 첨가한다. PEG 방법은 또한 엽록체로 DNA가 직접 들어가도록 하는 유용한 방법이다(**프로토콜** 8.10).

직접적인 DNA 도입에 의한 원형질체 형질전환은 일시적 유전자발현을 획득하기 위한 매우 효과적인 전략이다. 일시적 발현의 기술은 안정적인 형질전환 시스템과 관련된 환경적 위험과 지연의 단점이 없기 때문에 식물학의 넓은 범위를 연구하는 기초 연구에 사용되고 있다. 그러나 향상된 품종을 목적으로 하는 형질전환 실험에서 원형질체로 하는 기술은 노동 집중적이고 식물이 회복되기 위하여 긴 배양기간이 필요한데, 이때 종종 체세포 변형체(somaclonal variants) 생성 위험이 있어 사용하지 않는다.

## 4.1 원형질체 융합

식물 품종개량에서 원형질체 융합에 의한 체세포 잡종 기술은 특히 생식적 이종교배가 생식적 격리에 의해 제한된 환경에서 먼 유연 종에서 유전적 변이를 도입하는 유용한 방법이다. 2개 이상의 원형질체 융합으로 새로운 세포를 형성할 때, 부모의 핵은 체세포 잡종을 형성하기 위하여 분리되거나 융합된다(그림 8.2). 만일 융합 후 1개의 핵이 소실되면 부모 원형질체의 세포질은 합쳐지고 세포질잡종(cybrid)이 형성된다. 세포질잡종은 부모 원형질체 중 1개 핵을 포함하지만 세포소기관은 합쳐진다. 세포질잡종 생산은 CMS(cytoplasmic male sterile)가 요구되는 식물 품종개량 프로그램에서 중요한 기술인데, 이는 CMS 형질이 미토콘드리아를 통하여 유전되기 때문이다.

형질체의 막에 있는 순수 표면 음전하 때문에 일어나는 상호 전하 반발력으로 인하여 자주 일어나지는 않지만, 분리된 원형질체는 자발적으로 융합할 수 있다. 그럼에도 불

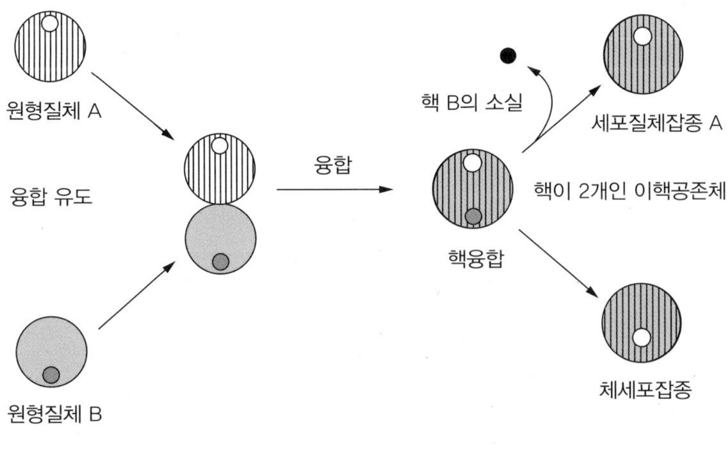


**그림 8.2**

**원형질체 융합에 의한 체세포 잡종의 형성을 나타내는 모식도**

구하고, 융합은 융합유발물질(fusiogenic agent)을 처리하거나 전기장에 원형질체를 두어 유도시킬 수 있다(전기세포융합; **프로토콜** 8.11).

융합유발물질은 근처에 있는 원형질체가 서로 가까워지고, 부착되어 융합되도록 표면전하를 중화시키거나 혹은 보호막이 생기도록 한다. 융합은 높은 pH(pH 10)와 높은 온도(37℃), 높은 칼슘이온 농도에 의해 유도된다. 그러나 가장 널리 사용되는 융합유발물질은 PEG이다.

전기 융합은 2단계로 일어난다. 먼저, 원형질체 현탁액을 일정하지 않은 교류전기장이 생기는 2개의 금속 전극 사이에 융합 세포를 둔다. 원형질체 막은 차등적으로 전하를 띄며 양성 지역은 음성 지역에 부착하여 원형질체가 사슬로 정렬하도록 한다. 두 번째 단계에서, 높은 전압의 직류펄스를 정렬하고 있는 원형질체에 처리하여 이웃하고 있는 막을 파괴하여 융합이 일어나도록 한다.

유동세포분석법은 세포를 분류하고 핵 DNA를 평가하여 융합 생성물을 확인하는 데 사용할 수 있다.

## 더 읽어보기

**Carlson, P.S., Smith, H.H. and Dearing, R.D.** (1972) Parasexual interspecific plant hybridization. *PNAS USA* **69:** 2292-2294.

**Collins, H.A and Edwards, S.** *Plant Cell Culture,* pp 77-80. BIOS Scientific Publishers Ltd., Oxford.

**Freeling, M. and Walbot, V.** (Eds) (1993) *The maize Handbook.* Springer-Verlag, Berlin.

**Mathur, J. and Koncz, C.** (1998) In: *Method in Molecular Biology,* Vol. 82, Arabidopsis *protocols* (eds J.M. Martinez-Zapater and J. Salinas). Humana Press, Totowa, New Jersey, pp.267-276.

**Takebe, I., Labib, G. and Melchers, G.** (1971) Regeneration of whole plants from isolated mesophyll protoplasts of tobacco. *Naturwissen* **58:** 318-320.

## 참고문헌

**Coba de la Pena, T. and Brown, S.** (2001) Flow cytometry. In: *Plant Cell Biology,* pp 85-106 (eds. C. Hawes and B. Satiat-Jeunemaitre). Oxford University Press, Oxford.

**Cocking, E.C.** (1960) A method for the isolation of plant protoplasts and vacuole from tomato root tip. *Nature* **23:** 29-50.

# 프로토콜 8.1

## 장기간 배양을 한 현탁배양체(옥수수)에서 원형질체의 제조

### 실험기구

- 살균된 250-ml 삼각플라스크
- 파스퇴르 피펫이나 자동 피펫
- orbital shaker
- UV 필터가 장착된 epifluorescence microscope
- 원심분리기와 원심분리용 튜브
- 광학현미경
- 알루미늄 포일
- 살균된 50-ml Falcon tube

### 실험재료 및 시약

- 용액 A: 100 ml (pH 5.2)
  - 0.6 M (16.4 g) sorbitol
  - 3 g sucrose
  - 0.43 g MS basal salt
  - 2 mg $l^{-1}$ 2,4-D
- 용액 B: 효소 혼합액(0.25 g Cellulase Onozuka RS, 0.25 g Macerozyme R 10(Onozuka), 0.05 g pectolyase)이 첨가된 25 ml 용액 A
- 로그 생장기에 있는 것으로 판단되는 현탁배양세포가 있는 플라스크(계대배양 후 보통 2-3일 후, 7장 참조).

### 프로토콜

1. 1000 ***g***에서 5분 동안 50 ml의 현탁배양 세포를 침전시킨다.
2. 25 ml의 용액 B로 다시 부유시키고 최대 표면적이 되도록 살균된 용기로 옮긴다(예를 들면, 250-ml 삼각플라스크의 바닥에 30 ml 세포 현탁배양체를 옮긴다).
3. 25°C에서 하룻밤 동안 orbital shaker에서 50 rpm으로 배양한다. 효소 용액에 빛이 들어가지 않도록 플라스크는 알루미늄 포일로 싼다.
4. 살균된 50-ml Falcon tube로 옮기고 5분간 600 ***g***로 원심분리를 한다.
5. 피펫이나 가는 바늘로 상등액을 제거한다.
6. 부서지는 것을 막기 위하여 피펫 tip 끝을 잘라 입구가 큰 tip을 이용하여 25 ml의 용액 A로 원형질체 침전물을 다시 부유시킨다.
7. 원심분리 단계를 한 번 더 반복한다. 이 단계는 원형질체에서 효소가 모두 제거되도록 한다. 마지막으로 5-10 ml의 용액 A에 침전물을 다시 부유시킨다.
8. 광학현미경을 사용하여 우선 외부 형태를 검사하고(손상되지 않은 원형질체는 구형태이다) 이어서 FDA 흡수가 일어나도록 하여 형광현미경(**프로토콜 7.3 참조**)으로 관찰한다. 살아있는 세포는 초록색 형광이 나타난다.

# 프로토콜 8.2

## rapid incubation을 한 당근 현탁배양체에서 원형질체의 분리

### 실험기구

- 프로토콜 8.1과 같으며 살균된 glass wool이 더 필요하다.

### 실험재료 및 시약

- 로그 생장기에 있는 것으로 판단되는 현탁배양세포가 있는 플라스크(7장 참조)
- 용액 A: 100 ml: pH 5.0
  - 0.43 g MS medium
  - 5 ml coconut water
  - 100 μg $l^{-1}$ zeatin
  - 2.5 g sucrose
  - 100 μg $l^{-1}$ 2,4-D
  - 0.4 M(10.93 g) sorbitol,
- 용액 B: 25 ml: 용액 A에 1 g Onozuka R10 cellulase, 0.5 g pectinase(Sigma) 첨가

### 프로토콜

1. 50 ml의 세포를 취하여 25℃에서 10분간 750 ***g***로 원심분리를 한다.
2. 용액 A로 2번 씻어 낸 후 살균된 250-ml 삼각플라스크로 옮긴다. 빛이 들어가지 않도록 알루미늄 포일로 싼다.
3. 원형질분리가 일어나도록 orbital shaker에서 25℃에서 10분간 50 rpm으로 진탕배양을 한다.
4. 원심분리 단계를 반복한다.
5. 침전물을 15 ml의 용액 B로 다시 부유시키고 25℃ 암소에서 1-2 시간 동안 orbital shaker를 이용하여 50 rpm으로 진탕배양을 한다.
6. 살균된 glass wool로 거르고 용액 A로 2번 씻는다.
7. 원형질체의 농도를 높이기 위하여 5분간 600 ***g***로 원심분리를 하고 5 ml의 용액 A로 다시 부유시킨다.
8. 광학 현미경으로 온전한 원형질체를 관찰한다.
9. 적은 양의 표본으로 FDA를 이용하여 생존도를 측정한다(프로토콜 7.3 참조).

# 프로토콜 8.3

## 옥수수 잎에서 엽육조직 원형질체의 rapid preparation

### 실험기구

- 면도날
- 핀셋
- sidearm이 있는 삼각 플라스크
- Filter pump
- 큰 Petri dish
- 60-μm mesh로 된 nylon sheet(Henry Simon Ltd, P.O. Box 31, Stockport, Cheshire SK3 ORT, UK)
- 135-μm mesh spatula(Henry Simon Ltd)
- 광학 현미경
- 탁상용 원심분리기

### 실험재료 및 시약

- 충분히 생장한 잎을 가진 옥수수
- 50 ml Cellulase buffer(CB):
    - 20 mM MES buffer pH 5.5(0.43 g)
    - 1 mM $MgCl_2$(10.16 mg)
    - 0.6 M sorbitol(8.2 g); 2% cellulase(1 g)
    - 0.1% pectinase(0.05 g)
- 100 ml Wash buffer(WB)
    - 50 mM tris buffer(0.606 g) pH 8.0
    - 0.6 M sorbitol(16.4 g)
    - 1 mM $MgCl_2$(20.32 mg)
    - 100 mM β-mercaptoethanol(0.701 ml)

### 프로토콜

1. 면도날을 이용하여 잘 자란 옥수수 잎을 0.5-1 mm 조각으로 자른다.
2. 자른 조각을 50 ml의 cellulase buffer가 들어 있는 진공 플라스크에 놓는다.
3. Filter pump로 진공 상태를 만든다. 모든 조각에 buffer가 스며들 때까지 진공 상태

를 유지한다.

4. 조심스럽게 큰 Petri dish에 옮기고 3-5시간 실온에서 계속 분해되도록 한다. 분해된 정도를 조사하기 위하여 적은 양(100 μl)을 취하여 광학현미경으로 관찰한다.
5. 135-μm mesh를 이용하여 현탁액을 걸러 부서진 세포와 찌꺼기를 제거한다. Petri dish에 50 ml의 WB로 부분적으로 분해된 잎 조각을 다시 부유시킨다.
6. 핀셋을 이용하여 WB에서 잎 조각을 흔들어 원형질체가 나오도록 한다. Petri dish를 살살 돌려 섞는 것도 좋은 방법이다.
7. 60-μm mesh를 이용하여 거른다. 5분간 300 ***g***로 원심분리를 하여 원형질체를 침전시킨다. 25 ml의 WB로 조심스럽게 다시 부유시킨다.
8. 세척 단계를 반복하고 FDA로 세척한 원형질체의 생존도를 확인한다(**프로토콜** 7.3 참조).

# 프로토콜 8.4

## 담뱃잎에서 엽육조직 원형질체를 준비하여 밀도기울기를 이용한 원형질체의 정제

### 실험기구

- 면도날
- 10-15 g의 식물조직을 위한 50 ml Digestion medium
- 9 cm 플라스틱 Petri dish
- glass wool
- 구멍 크기가 100-200 μm인 nylon mesh(Henry Simon Ltd)
- 매우 낮은 ***g***-force로 작동할 수 있는 탁상용 원심분리기와 원심분리용 튜브
- 유리 파스퇴르 피펫
- 광학현미경
- 차 거르개
- 가는 핀셋

### 실험재료 및 시약

- 용액 A: Digestion medium(50 ml)
  - 500 mM D-sorbitol(4.56 g)
  - 1 mM $CaCl_2$(7.35 g)
  - 5 mM MES-KOH, pH 5.5(49 mg)
  - Cellulase Onozuka R10(1 g)
  - Macerozyme R10(0.15g)
- 용액 B: Wash medium(100 ml)
  - 500 mM sorbitol(9.11 g)
  - 1 mM $CaCl_2$(14.7 mg)
  - 5 mM MES-KOH pH 6.0(98 mg)
- 용액 C: Density gradient solution(100 ml)
  - 500 mM sucrose(8.56 g)
  - 1 mM $CaCl_2$(7.4 mg)
  - 5 mM MES-KOH pH 6.0(98 mg)
- 용액 D: Density gradient solution(100 ml)

- 400 mM sucrose(6.8 g)
- 100 mM sorbitol(0.90 g)
- 1 mM $CaCl_2$(7.4 mg)
- 5 mM MES-KOH pH 6.0(98 mg)

- 3-4주된 담뱃잎

## 프로토콜

1. 잎의 뒷면에 면도날로 십자형으로 금을 긋는다. 윗면까지 잘리지 않도록 주의한다. Petri dish에 digestion medium을 넣고 자른 면이 닿도록 한다. Petri dish의 면이 잎 조각으로 완전히 덮일 때까지 이 과정을 반복한다.
2. Petri dish의 뚜껑을 덮은 후 실온에서 16시간 동안 암소에 둔다. 실험에 적당한 양이 될 때까지 Petri dish를 사용하여 이 과정을 반복한다.
3. 핀셋을 사용하여 줄기를 잡고 잎의 표면을 digestion medium에서 흔든다. 원형질체가 잎에서 떨어져 나오게 되면 배지의 색이 초록색으로 변한다.
4. 각 Petri dish에서 원형질체 현탁액을 수거하여 모은다.
5. 차 거르개에 붓고 nylon mesh로 세포찌꺼기를 제거한다. 원형질체를 제거하는데 사용한 후 각 membrane은 부드럽게 씻는다.
6. 씻어낸 용액을 합쳐서 3분간 50-100 ***g***로 원심분리를 한다. 원형질체는 원심분리 튜브 밑에 침전된다. 상등액은 제거한다.
7. 원형질체 침전물에 용액 C를 10 ml 넣어 부드럽게 다시 부유시킨 후 2개의 원심분리 튜브에 5 ml 씩 나누어 넣는다.
8. 각 원심분리 튜브에 5 ml의 용액 D를 천천히 넣은 후 5 ml의 용액 B를 넣어 3층의 농도 기울기를 만든다. 각 용액은 튜브를 기울여 튜브 벽을 타고 천천히 흘러내려가 뚜렷한 농도 층을 형성하도록 부드럽게 첨가해야 한다.
9. 5분간 300 ***g***로 원심분리를 한다.
10. 원형질체는 위 2층 사이의 접점에 존재한다. 피펫으로 맨 위층을 조심스럽게 제거하고 원형질체를 수거한다.
11. 이 용액을 광학현미경으로 관찰한다. 약한 원형질체가 부서지기 때문에 커버슬라이드를 덮지 않는다. 원형질체는 온전하고 삼투 스트레스를 받지 않아야 한다. 스트레스를 받은 원형질체는 원형질의 밀도가 높고 조밀하게 보일 것이다. 건강한 원형질체는 완벽하게 구 형태이다.

# 프로토콜 8.5

## 옥수수 뿌리에서 신속한 원형질체의 제조

### 실험기구

- 메스
- shaking water bath
- glass wool
- 매우 낮은 속도로 작동할 수 있는 탁상용 원심분리기와 원심분리용 튜브
- Parafilm
- Petri dish
- 100-ml 삼각플라스크

### 실험재료 및 시약

- Protoplast medium(PM) - 50 ml
  - 5 mM MES-KOH(49 mg), pH 6.0
  - 0.5 M sorbitol(4.56 g)
  - 1 mM $CaCl_2$(7.35 mg)
  - BSA(0.25 g)
  - 0.8% cellulase(Onozuka R10)(0.4 g)
  - 0.08% pectolyase(0.04 ml)

- Wash medium(WM) - 200 ml
  - 5 mM MES-KOH(196 mg), pH 6.0
  - 0.5 M sucrose(8.5 g)
  - 1 mM $CaCl_2$(29.4 mg)

- Density gradient step 1(DG1) - 50 ml
  - 5 mM MES-KOH(49 mg), pH 6.0
  - 0.1 M sorbitol(0.91 g)
  - 0.4 M sucrose(3.4 g)
  - 1 mM $CaCl_2$(7.35 mg)

- Density gradient step 2(DG2) - 50 ml
  - 5 mM MES-KOH(49 mg), pH 6.0

- 0.5 M sorbitol(4.56 g)
- 1 mM $CaCl_2$(7.35 mg)

- 수경 재배하여 뿌리 길이가 8-10 cm인 옥수수 유식물

## 프로토콜

1. 뿌리 끝에서부터 8 cm가 되도록 뿌리를 자른다.
2. Petri dish에 20 ml PM을 넣고 뿌리 20 *g*을 날카로운 면도날로 곱게 다진다. 조직은 미세하고 걸쭉하게 될 때까지 자른다.
3. 곱게 다진 균질액을 100-ml 삼각플라스크에 옮기고 shaking water bath에서 28℃, 암소에서 3시간 동안 배양한다.
4. glass wool로 현탁액을 거른다.
5. 거른 액을 60 *g*로 5분간 원심분리를 한다.
6. 얼음으로 차게 한 5 ml의 WM으로 침전물을 다시 부유시킨다.
7. 2 ml의 DG1을 먼저 넣고 1 ml의 DG2를 넣어 농도 기울기를 만든다(**프로토콜** 8.4에서 단계 8을 참조).
8. 이것을 5분간 200 *g*에서 원심분리를 한다. 원형질체는 위 2층 사이 접점에 존재한다.
9. 5 ml의 DG2로 원형질체를 씻고 10분간 100 *g*에서 원심분리를 한다.
10. FDA로 생존도를 확인하고(**프로토콜** 7.3 참조) 사용할 때까지 얼음에 보관한다.

# 프로토콜 8.6

## 부유 방법으로 뿌리(*arabidopsis*)에서 부분적인 분리로 원형질체의 제조

### 실험기구

- 살균된 250-ml 삼각플라스크
- 열에 약한 용액을 살균하기 위한 0.22 μm 필터
- 고압증기 살균기(autoclave)
- pH meter
- 살균된 Petri dish
- orbital shaker가 장착된 growth chamber
- 칼, 가위, 핀셋
- 입구가 넓은 피펫
- 100-, 50-, 25-μm mesh
- 매우 낮은 속도로 작동할 수 있는 탁상용 원심분리기와 원심분리용 튜브
- Haemocytometer

### 실험재료 및 시약

- 살균된 증류수
- 0.05 ml $l^{-1}$ Tween 20이 첨가된 10%(v/v) sodium hypochlorite
- Basal medium(BM)
  - 4.3 g $l^{-1}$ MS medium
  - 3% sucrose
  - B5 vitamins(sigma)
  - pH 5.8
- 0.5 BM agar plate
  - 2.2 g $l^{-1}$ MS
  - 3% sucrose
  - B5 vitamins
  - pH 5.8
  - 0.8% agar
- 250-ml 삼각플라스크에 50 ml BM 분액 - 살균

- MSAR 1 medium: BM에 다음의 시약을 첨가
  - 2 mg $l^{-1}$ IAA
  - 0.5 mg $l^{-1}$ 2,4-D
  - 0.5 mg $l^{-1}$ 6-(γ,γ-dimethylallylamino)purine riboside(IPAR)
- 0.45 M sucrose solution
- Protoplasting medium(PM)
  - 0.45 M sucrose(혹은 0.45 M mannitol)가 포함된 0.5 BM
- Enzyme solution: PM에 다음 효소를 녹인다.
  - 1% cellulase(Onozuka R10)
  - 0.25% macerozyme(R10 Serva)
- 0.45 M mannitol
- agar에서 살균된 상태로 키운 arabidopsis 뿌리(6장이나 10장 참조)

## 프로토콜

1. 22°C에서 빛 조건이 16시간 명기, 8시간 암기인 곳에서 10-14일 동안 0.5 BM plate에서 arabidopsis 종자(var. Columbia or C 24)를 키운다(6장 참조).
2. plate에서 유식물을 살균된 상태로 꺼내서 뿌리를 분리한다. 살균된 메스로 뿌리를 2-4 mm 절편으로 자른 후 10 ml MSAR 1 medium이 들어 있는 Petri dish로 옮긴다.
3. 암소나 낮은 조도의 빛 조건에서 7-12일 동안 100 rpm으로 진탕 배양을 한다.
4. 배지를 제거하고 0.45 M sucrose solution으로 뿌리 절편을 1번 세척한다. 20 ml enzyme solution으로 대체한다.
5. 종종 흔들어주면서 12-16시간 배양한다.
6. 입구가 넓은 피펫으로 원형질체를 모아서 100-, 50-, 25-μm sieves를 통과시킨다.
7. 상등액을 50 rpm에서 5분간 원심분리를 한다.
8. 용액 위층에 떠 있는 원형질체를 모아서 새로운 튜브로 옮긴다. 이 단계에서 다음 단계에 필요한 원형질체 수를 얻기 위하여 2개 이상의 튜브를 모을 필요가 있을 수 있다.
9. 0.45 M mannitol에서 다시 부유시키고 5분간 60 ***g***로 침전시킨다. 효소를 완전히 제거하기 위하여 이 단계를 2번 반복한다.
10. FDA를 사용하여 생존도를 검사한다(**프로토콜** 7.3 참조)

# 프로토콜 8.7

## 보호재배(nurse culture)를 사용하여 옥수수 원형질체의 배양

### 실험기구

- 고압증기 살균기
- 조직배양 용기(15 mm)
- 저울
- 살균된 피펫(5 ml)
- 자동 피펫과 살균된 피펫 tip
- 매우 낮은 속도로 작동할 수 있는 탁상용 원심분리기와 원심분리용 튜브
- pH meter
- 살균된 0.8-μm Milipore filter
- Parafilm
- 살균된 핀셋
- Haemocytometer
- 광학현미경

### 실험재료 및 시약

**(용액은 살균하여야 한다)**

- 1 mg의 2,4-D를 10 ml의 에탄올 용액(ethanol : water = 1:1)에 녹인 stock solution
- 20 ml의 thiamine-HCl stock solution(50 mg $l^{-1}$)
- 변형된 White Vitamins
    - 200 mg $l^{-1}$ glycine
    - 50 mg $l^{-1}$ nicotinic acid
    - 50 mg $l^{-1}$ pyridoxin HCl
    - 50 mg $l^{-1}$ thiamin HCl
- Protoplast culture medium(PCM)(=4×9 cm Petri dish) - 100 ml
    - 0.43 g MS salts
    - 2 ml 2,4-D stock solution
    - 0.025 g glucose
    - 1 ml thiamine stock solution
    - 2 g sucrose

- 2 ml coconut water
- 3.64 g mannitol(pH 5.9; 0.1 M KOH)

- PCMLMP: 0.8 g low-melting-point(LMP) agarose(Gibco BRL/life Technologies)가 포함된 PCM medium

- Postfeeder culture medium-MS 2D - 100 ml
  - 0.43 g MS salts
  - 1 ml 변형된 White Vitamins
  - 10 mg myo-inositol
  - 2 g sucrose
  - 2 ml 2,4-D stock solution(pH 5.9; 0.1 M KOH로 적정)
  - 0.4 g LMP agarose

- 옥수수 원형질체(프로토콜 8.3 혹은 8.5 참조)

## 프로토콜

1. 원형질체 분해 동안에 보호재배를 준비한다. 배지는 121℃에서 15분간 고압증기 살균을 한다(5장 참조).
2. 무균조건에서 3 ml의 PCM-LMP를 살균된 60×15-mm 배양 용기에 넣고 굳도록 하다
3. 본래의 세포 현탁배양에서 0.2 ml의 PCV의 배양보조세포(feeder cell)를 함유하고 있는 3 ml의 PCM-LMP를 더 첨가한다. PCM-LMP는 배양보조세포와 함께 섞기 전에 40-45℃로 식혀야 한다.
4. 원형질체 현탁액 0.01 ml를 취하여 수를 센다. 농도를 $1 \times 10^6$ 원형질체 $ml^{-1}$ PCM로 조정한다.
5. 영양보조세포층 위에 있는 0.8-μm filter에 현탁액 0.2 ml로 plate를 만든다. 이때 plate는 너무 마르지 않도록 한다.
6. filter에서 원형질체가 정착하도록 뚜껑을 닫은 영양보조세포 plate를 laminar flow cabinet에 둔다. 몇 시간 혹은 하룻밤 정도 둔다.
7. plate를 Parafilm으로 밀봉하고 25℃ 암소에서 배양한다.
8. 원형질체가 있는 filter를 살균된 핀셋을 사용하여 일주일 간격으로 새로운 영양보조세포 plate로 옮긴다.
9. 2-3주 후에 캘러스는 눈으로 볼 수 있을 정도로 자라며 이 때 살균된 도구를 사용하여 agar plate로 옮긴다.

# 프로토콜 8.8

## 현적배양기술(hanging drop method)을 이용한 arabidopsis 원형질체의 배양

### 실험기구

- 55-mm Petri dish
- 살균된 입구가 넓은 피펫
- 살균된 spatula
- growth chamber
- 광학현미경
- Haemocytometer

### 실험재료 및 시약

**(용액은 반드시 살균하여야 한다)**

- 새로 준비한 원형질체가 들어 있는 플라스크
- Basal medium(BM)
    - 4.3 g $l^{-1}$ MS basal salts
    - B5 vitamins(Sigma)
- Sodium alginate medium
    - 0.45 M sucrose가 들어 있는 BM medium에 1% w/v sodium alginate 용액
- Calcium-agar plate
    - 20 mM $CaCl_2$
    - 0.45 M sucrose
    - 1% agar
- PM(protoplast medium)
    - 0.45 M sucrose가 들어 있는 2.21 g $l^{-1}$ MS basal salts
    - MSAR 1 hormone(2 mg $l^{-1}$ IAA, 0.5 mg $l^{-1}$ 2,4-D, 0.5 mg $l^{-1}$ IPAR)
- MSAR 1 medium
    - 4.3 g $l^{-1}$ MS
    - 2 mg $l^{-1}$ IAA, 0.5 mg $l^{-1}$ 2,4-D, 0.5 mg $l^{-1}$ IPAR

## 프로토콜

1. 1 ml의 sodium alginate 용액으로 최종 세척한 원형질체 침전물을 다시 부유시키고 haemocytometer를 사용하여 원형질체 수를 센다. 필요하면 sodium alginate 용액을 사용하여 밀도를 $5\text{-}7\times10^5$ cell $ml^{-1}$로 조정한다.
2. 입구가 넓은 피펫을 사용하여 원형질체-sodium alginate 현탁액을 250–500 μl 방울로 취하여 calcium agar plate에 옮긴다.
3. 45분간 alginate가 굳도록 기다린다.
4. 각 alginate가 굳은 작은 덩어리를 spatula로 5 ml의 PM이 들어 있는 55-mm Petri dish로 옮기고 22℃ 약한 빛의 생장실에서 배양한다.
5. 7일째와 14일째 2.5 ml의 PM을 제거하고 2.5 ml의 새로운 PM을 넣는다.
6. 21일째, 28일째, 35일째에 1 ml의 PM을 제거하고 1 ml 새로운 PM을 넣는다.
7. 35일째 미세캘러스(microcalli)를 관찰할 수 있다.

## 주의

이 프로토콜은 뿌리와 세포 현탁배양체에서 유래한 원형질체에도 적용할 수 있다. 그러나 원형질체의 액체 배양을 시작하기 위하여 밀도는 세포 분열이 시작될 때까지 $1\times10^6$ cell $ml^{-1}$가 되어야 하고 희석할 때는 PM을 사용하여 $5\times10^5$ cell $ml^{-1}$가 되어야 한다.

# 프로토콜 8.9

## 분리한 원형질체에서 세포벽의 재발생을 관찰하기

### 실험기구

- BG 12 filter set와 epifluorescence microscope
- 슬라이드와 커버슬라이드
- 자동 피펫과 tip

### 실험재료와 시약

- Calcofluor White medium(CWM)
    - culture medium에 0.4 M sorbitol이 첨가된 0.05% Calcofluor White
- 원형질체 현탁액

### 프로토콜

1. CWM medium에서 원형질체의 소량을 다시 부유시키고 epifluorescence microscope으로 관찰한다. Calcofluor White는 세포벽만 염색시켜 청색광을 비추면 형광을 나타낸다. 원형질체를 최소 2시간 동안 적절한 배지에서 배양시키면 세포벽이 다시 나타나기 때문에 Calcofluor White 염색은 이 시간이 지날 때까지 나타나지 않는다.
2. 처음에 적은 수의 염색이 표면에 작은 형광 점으로 나타난다. 5-6시간이 지나면 더 많은 원형질체가 같은 패턴으로 염색된 것을 볼 수 있다.
3. 18-20시간 동안 처리가 계속되면 진한 염색 부분이 살아있으며 건강한 원형질체에서 나타난다. 결국 세포벽이 완벽하게 재발생됨에 따라 전 세포 표면에 형광 염색이 나타난다.

# 프로토콜 8.10

## polyethylene glycol(PEG)에 의해 유도되는 원형질체 융합

### 실험기구

- 매우 낮은 속도(50 ***g***)로 작동할 수 있는 탁상용 원심분리기와 원심분리용 튜브
- 피펫
- 타이머
- Parafilm
- Petri dish(9 cm)

### 실험재료 및 시약

**(용액은 반드시 살균하여야 한다)**

- PEG fusion solution: 고압증기 살균을 한 후 사용할 때까지 암소에 보관하다.
    - 30% w/v PEG 6000
    - 4% w/v sucrose
    - 10 mM $CaCl_2$
- Protoplast maintenance medium은 사용할 원형질체 유형에 적절하다. 또한, washing medium으로 사용할 수 있다. 모든 용액은 살균하여야 한다.
- 0.8% agarose가 첨가된 8 ml 살균된 protoplast medium이 들어 있는 9-cm Petri dish.

### 프로토콜

1. 2개의 원형질체 집단의 밀도가 모두 $2 \times 10^5$ cell $ml^{-1}$인 것을 확인한다.
2. 각 집단의 4 ml를 한 튜브에 같이 넣고 원형질체가 침전하도록 10분간 100 ***g***로 회전시킨다.
3. 0.5 ml의 medium에 침전물이 남도록 여분의 medium을 제거한다.
4. 각 튜브에 2 ml의 PEG fusion solution을 첨가하고 10분간 둔다.
5. 5분 간격으로 0.5, 1, 2, 3, 4 ml의 protoplast medium을 각 튜브에 넣어서 fusion mixture를 차례대로 희석한다.
6. 첨가한 후 튜브를 부드럽게 섞는다.
7. 10분간 100 ***g***로 원형질체를 침전시키고 상등액은 제거한다.
8. 원형질체를 protoplast medium으로 한번 씻어낸다.
9. 마지막으로 16 ml의 protoplast medium으로 다시 부유시킨다.
10. 입구가 큰 피펫을 사용하여 8 ml를 agarose plate에 첨가한다.
11. Parafilm으로 plate를 밀봉하고 25℃, 낮은 빛 조건에서 배양한다.
12. 몇 주가 지나면 미세캘러스(microcalli)를 볼 수 있다. 만일 필요하면 agarose를 무균 상태로 잘라 액체 배양으로 옮길 수도 있다.

# 프로토콜 8.11

## 원형질체의 전기세포융합

### 실험기구

- 살균된 fusion chamber와 electrode가 있는 electrofusion용 기구

### 실험재료와 시약

**(배지는 살균을 하여야 한다)**

- 두 집단에 적합한 원형질체 유지 용액
- post-electrofusion protoplast에 적합한 고체 배지(선택한 종에 적합한 배지는 논문을 조사하여 알아보아야 한다)

### 프로토콜 Part A – 전기세포융합

1. 혼합한 원형질체 집단의 현탁액은 electrofusion chamber에 놓는다. 약한 AC 전류(400,000 Hz, 1.5 V)가 전극 사이를 흐르며 원형질체를 통과하면 한 쪽은 양전하로, 다른 쪽은 음전하로 하전된다. 원형질체는 스스로 사슬 형태로 정렬한다. 원형질체 밀도, AC 전기장의 주파수, 전압 등에 따라 각 사슬의 수가 변한다.
2. 약 90초 후에 AC 전기장을 1000 V $cm^{-1}$와 같은 단일의 높은 전압펄스방전으로 바꾼다. 원형질체가 서로 접촉한 곳에서 원형질막은 파괴되고 pearl chain 주위에 연속되는 막을 형성하여 융합한다. 이어서 세포질 융합이 일어난다. 높은 농도의 원형질체에서는 연쇄적 융합이 일어나지만 경험적으로 조정하여야 한다.
3. 원형질체 현탁액을 덜어 내어 **프로토콜** 8.10에서와 같이 배양하거나 사용한 식물 종에 대한 논문에 따라 배양한다. 전기세포융합은 PEG 융합보다 원형질체 생산이 덜 일어난다.

### 프로토콜 Part B – 이핵공존체의 선별

원형질체를 화학적으로나 전기적으로 융합을 하고 나면, 융합되지 않은 원형질체, 기원이 같은 융합된 부모세대 원형질체, 연쇄적 융합이 일어난 원형질체, 우리가 원하는 이핵공존체(heterokaryon) 등이 섞여 있다. 다음 방법으로 우리가 원하는 원형질체를 선별한다.

1. 가장 간단한 기법은 융합된 원형질체가 성숙하고 재발생하도록 둔 후 유식물 단계에서 형태적 차이로 이핵공존체를 확인하는 것이다.

2. 두 모집단이 다른 외관적 특징을 가지고 있다면, 현미경과 현미조작장치(micromanipulation)를 이용하여 융합된 이핵공존체를 분리하는 것이 가능하다. 이 과정은 실제로 어려운 과정이다.
3. 만일 모 집단이 눈으로 구별이 쉽게 안 된다면, 모 집단을 2개의 다른 색으로 염색한다. 예를 들면 FDA(**프로토콜 7.3**)는 황록색 형광을, rhodamine isothiocyanate는 붉은색 형광을 나타낸다. 이중 형광을 나타내는 융합된 원형질체를 선별하여 이핵공존체를 분리할 수 있다.
4. UV가 장착된 세포유동분석기는 단일 표지된 원형질체에서 이중 표지된 원형질체를 분리할 수 있다. 세포유동분석기는 많은 수의 원형질체를 정확하게 처리할 수 있다.

# 프로토콜 8.12

## 전기천공법(electroporation)에 의한 원형질체 형질전환

### 실험기구

- 원형질체를 준비하는 데 필요한 모든 기구(앞의 프로토콜 참조)
- 작은 Petri dish
- 얼음과 얼음통
- 전극이 장착되고 1.0 ml cuvette이 있는 전기천공기
- 타이머

### 실험재료와 시약

**(모든 용액은 살균해야 한다)**

- Electroporation buffer(EB)
  - 1 mM MES, pH 5.8
  - 2.5 mM $CaCl_2$
  - 0.225 M sorbitol
- MS medium
  - 0.6 M sorbitol이 첨가된 적절한 배양 배지

### 프로토콜

1. 원형질체 침전물을 25 ml의 EB로 부드럽게 다시 부유시키고 10분간 600 ***g***로 원심분리를 한다.
2. 25-50 ml의 EB로 원형질체를 4-5회 세척한다.
3. 최종 침전물을 5 ml의 EB로 다시 부유시킨다.
4. 100 μl DNA : 500 μl 세포의 비율로 DNA를 첨가한다.
5. 전기천공을 위하여 Petri dish에 분액 600-μl를 넣은 후 얼음에 5분간 둔다.
6. 사용설명서에 따라 전기천공법을 시행한다. 일반적인 조건은 다음과 같다. 정전용량(capacitance) 910 μF, 전압 120-140 V, 방전시간 1000 ms, 부피 600 μl, 전극거리 0.2 mm.
7. 전기천공한 원형질체를 얼음에 15분간 둔다.
8. Petri dish에 전기천공한 원형질체를 수거한다. 0.9 ml의 EB와 1.6 ml의 MS 배지를 첨가한다.
9. 22°C 암소에서 배양한다. 12시간 후 발현될 것이다.

# 프로토콜 8.13

## polyethylene glycol(PEG)에 의한 원형질체의 형질전환

### 실험기구

- 얼음과 얼음통
- 매우 낮은 속도로 작동할 수 있는 탁상용 원심분리기와 원심분리용 튜브
- Haemocytometer와 현미경
- 유리 Petri dish(9 cm)
- 자동 피펫과 tip

### 실험재료와 시약

원형질체를 준비하는데 필요한 모든 용액(앞에 설명한 프로토콜 참조). 모든 용액은 살균하여야 한다.

- 0.5 MaMg solution(살균)
  - 0.5 M mannitol
  - 15 mM $MgCl_2 \cdot 6H_2O$
  - 0.2% MES, pH 5.8
- PEG solution
  - MaMg solution에 녹인 40% w/v PEG 1450. 여과살균을 하여야 한다.
- 물에 녹인 plasmid DNA solution

### 프로토콜

1. 1 ml MaMg solution에 원형질체 침전물을 다시 부유시킨다.
2. 세포 수를 세어 밀도가 약 $1 \times 10^6$ cell $ml^{-1}$ 되도록 조정한다.
3. 원형질체 현탁액을 얼음에 35분간 둔다.
4. 5분간 60 ***g***에서 원형질체를 원심분리를 한다.
5. 0.3 ml MaMg solution에 침전물을 다시 부유시키고 조심스럽게 9-cm 유리 Petri dish의 중앙에 1방울 떨어뜨린다.
6. 원형질체 현탁액의 방울에 물에 녹인 25-35 μg plasmid DNA를 천천히 첨가한다. 원형질체와 DNA가 섞이도록 매우 부드럽게 Petri dish를 돌린다.
7. 5분 후에, 원형질체 현탁액 방울 주위에 0.3 ml PEG solution을 첨가한다.
8. 다시 Petri dish를 아주 부드럽게 기울여 PEG와 원형질체가 섞이도록 한다. 혹은

살균한 피펫 tip으로 섞는다.

9. 10분 후 1 ml 0.45 M mannitol solution을 방울의 옆에 첨가한다.
10. 2분 간격으로 부드럽게 돌리면서 2 ml 0.45 M mannitol solution을 Petri dish에 12 ml가 될 때까지 첨가한다.
11. 입구가 넓은 피펫으로 현탁액을 수거하여 원심분리 튜브로 옮긴다. 5분간 60 ***g***로 원심분리를 한다.
12. 이 단계에서 원형질체는 일시적인 발현 시스템으로 사용될 수 있거나 안정적으로 형질전환된 캘러스나 유식물로 재발생시키기 위하여 선택적 배양 배지로 옮길 수도 있다.

The Basics

Chapter 9

# 반수체 배양

## 1. 서론

최근에 상업용 식물 번식에서 가장 중요한 생명공학적 진보는 동형 계통(homozygous line)을 만드는 데 사용할 수 있는 반수체 식물을 생산하는 *시험관 내*(*in vitro*) 기법의 발전이다.

전통적인 식물 번식 프로그램에서 관계가 먼 종간의 교배는 새로운 유전자 조합을 일으킬 수 있다. 그러나 잡종 자손은 수가 적고 유전적으로 불안정할 수 있다. 더 중요한 것은 유리한 형질은 고정되고 불필요한 열성 형질이 확실하게 제거된 동형접합성을 얻기 위하여 이 잡종은 여러 세대(6-10)에 걸친 교배와 자가수분이 필요하다. 그러므로 1세대 혹은 2세대에서 동형 계통을 생산하는 이러한 대체 과정은 전통적인 식물번식에서 걸리는 오랜 시간을 절약할 수 있다. 반수체 식물에서 2배체를 형성하는 것은 이형접합성 부모세대에서 동형 계통을 형성하는 빠르고 가치가 있는 방법이다.

반수체 식물은 1세트 혹은 배우체가 가지는 염색체 수(1*n*)를 가지며 불임일 수 있다. 그러나 반수체 식물은 염색체 수를 자발적으로 2배로 만들거나 혹은 불임인 2성 반수체(dihaploid)를 만들기 위하여 화학물질(방추체 형성을 방해하는 colchicine을 처리하면 세포분열 없이 염색체 수를 2배로 증가시킨다)을 처리하여 유도할 수 있다. 이 과정의 장점은 생겨난 2배수 반수체가 동형접합체이므로 보다 효과적으로 원하는 형질을 선택하는 순수육종이라는 것이다.

이론적으로, 반수체 식물은 수분되지 않은 씨방이나 배주 그리고 수술이나 화분(pollen) 같은 반수체 배우체를 *in vitro* 배양하여 얻을 수 있다. 생존가능한 반수체 식물은 몇몇 종에서 씨방과 배주를 배양하여 만들 수 있다. 그러나 그 과정은 기술적으로 힘들고 생산성도 낮다. 현재 반수체를 생산하기 위하여 일반적으로 이용하는 두 가지 *in vitro* 과정은 꽃밥 배양과 분리된 화분 배양(그림 9.1과 9.2 참조)이다. 수컷 배우체에서 유래한 반수체 식물의 발달 과정은 웅성발생(androgenesis)이라고 한다.

## 2. 꽃밥배양

꽃밥배양(**프로토콜** 9.1)은 특정 발달 단계의 꽃밥에서 만들어진 화분을 모아서 하는 신속하고 간단한 과정이다. 때로는 살균을 하고 특별한 영양배지에 배양하기 전에 높거나 낮은 온도를 처리하기도 한다. 성숙한 화분(웅성 배우체)은 화분모세포가 감수분열

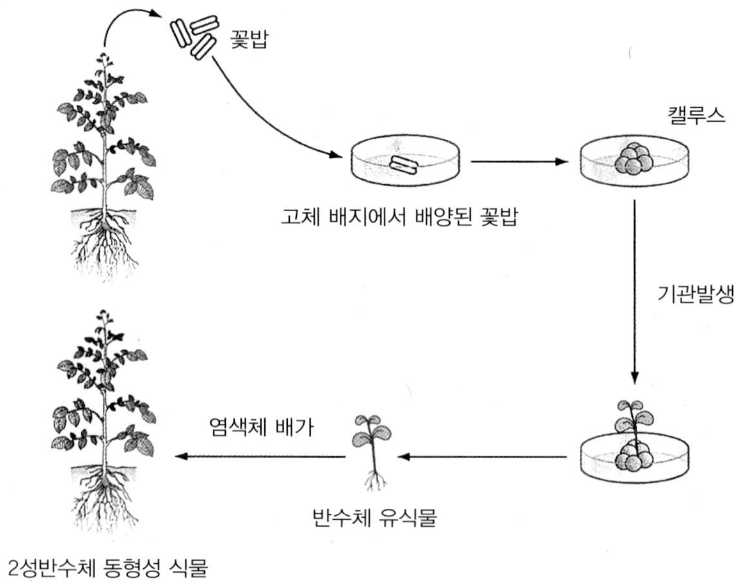


**그림 9.1**
**꽃밥 배양의 개요.** 2성반수체는 colchicine이나 다른 화합물을 반수체에 처리하여 형성된다.

을 하여 형성된 반수체 소포자(microspore)에서 발달한다. 소포자는 1개의 핵 있고, 성숙한 화분은 3개의 핵이 있다. 중간 이후의 단핵 단계에 소포자가 있는 꽃밥을 고체 배지에서 배양하면 각 소포자에서 캘러스가 발생한다. 반수의 염색체를 가지고 있는 식물은 직접적으로 배발생을 하거나 간접적으로 기관발생을 통하여 캘러스에서 재발생할 수 있다. 그렇지 않으면 소포자는 부정배(embryoid; 배로 분화할 수 있는 배 구조를 가진 세포 덩어리; 그림 9.1)로 될 수 있다.

## 3. 소포자 배양

소포자 배양은(**프로토콜** 9.2) 특정한 발달 단계의 꽃밥에서 소포자를 물리적으로 분리한다. 적절하게 전처리를 한 후, 꽃밥을 균질화시켜 균질액을 거르고 원심분리를 하여 분리한다. 분리한 소포자는 액체 배지에서 배양한다. 작은 배가 소포자(소포자 배발생; microspore embryogenesis)에서 직접 발달하고 유식물 발달을 위하여 재발생 배지에 옮긴다(그림 9.2).

## 4. 꽃밥배양과 소포자배양

웅성발생은 상업적으로 중요한 품종을 포함하여 수백 종의 식물에서 반수체 형성을 위해 사용되어 왔다. 여러 가지를 고려하여 반수체 생산에 사용할 과정을 결정한다. 꽃밥배양은 최소한의 실험기자재로 많은 수의 반수체를 생산할 수 있는 비교적 단순하고 빠른 방법이다. 이 방법의 주된 문제는 유전자형 의존성이고 재발생한 집단에서 백자식물(albino plant)과 배수성 유형(혼수체; mixoploids)의 발현빈도가 높은 것이다. 꽃밥배양과 비교하여, 소포자 기술은 기술적으로 복잡하고 더 많은 실험 기자재가 필요하다. 그

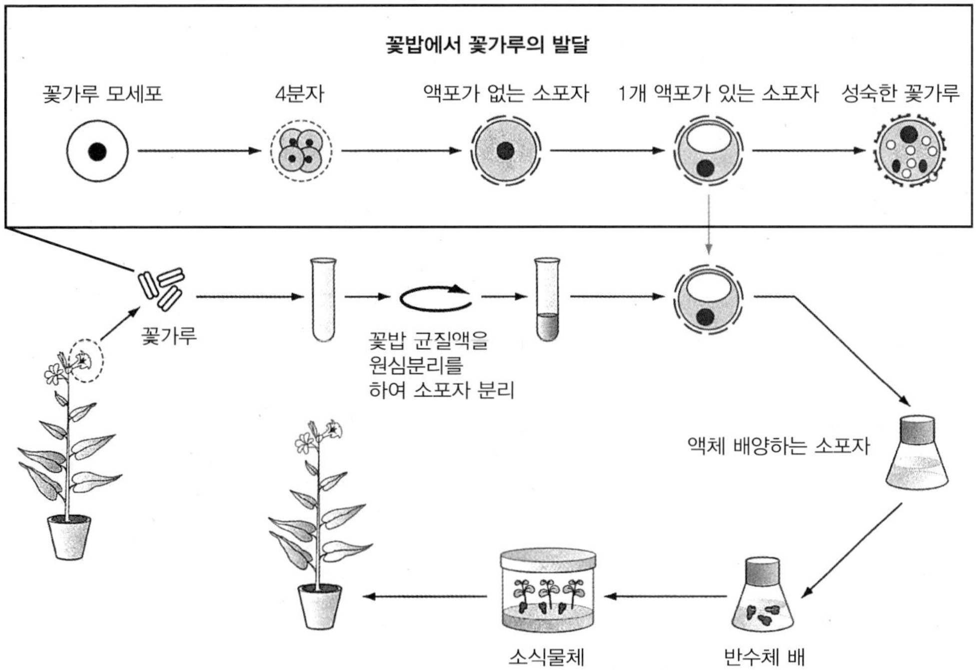


**그림 9.2**
**소포자의 분리와 배양**

러나 실험적으로 꽃밥배양에서보다 혼수체와 같은 문제의 발현빈도가 더 낮다. 소포자 배양의 장점은 다음과 같다. 첫째, 캘러스 중간 단계 없이 소포자에서 직접 배를 발달시키는데 이는 유전적 기형의 위험을 줄인다. 둘째, 외래 DNA를 반수체 유전체에 삽입하는 것은 이배체 반수체를 형성하기 위하여 염색체가 배가된 후 동형 발현을 일으키기 때문에 소포자배양은 유전 형질전환을 위한 이상적인 재료이다.

## 5. 속간교배(intergeneric cross)와 미숙배배양(embryo rescue)

반수체 생산을 빨리할 수 있는 또 다른 방법은 속간교배 후 미숙배배양을 하는 것이다. 원연교배는 일어날 가능성이 거의 없고 생존할 수 있는 종자가 없을 수도 있다. 그러나 반수체 배가 형성되고 난 후 적출하여 조직배양으로 구제(rescue)될 수 있다. 이 과정의 기본은 2배체 접합체를 생산하기 위하여 수정하며, 이어서 반수체 배를 생산하기 위하여 발달하고 있는 배에서 1세트의 염색체를 제거하는 것이다. 확실하게 생존하도록 배는 절개하여 영양배양배지로 옮긴다. 이 기법은 보리와 밀과 같은 곡류에서 성공하였다. 소위 *bulbosum* 기법이라고 하는데, 예를 들면, 빵 밀인 *Triticum aestivum*(교배모수; female parent)을 보리인 *Hordeum bulbosum*과 교배하여 반수체 식물을 생산하였다. 다른 원연교배로는 부계모체(paternal patent)로서 옥수수인 *Zea mays*와 빵 밀 그리고 듀럼 밀인 *Triticum turgidum* spp. *durum*의 교배 등이 있다.

## 6. 동정생식(androgenesis)

비록 70여 년 전에 곡류에서 웅성발생이 알려졌지만, 식물 교배에서 이 현상을 조사하기 위한 프로토콜의 개발은 최근에 이루어졌다. 동정생식은 경제적으로 중요한 몇몇 식물에서 연구되었지만, 아직까지 대부분의 작물에서는 성공하지 못했다. 모든 식물 종에 적용되는 일반적인 프로토콜은 없다. 일반적으로 프로토콜은 3개의 연속적인 단계로 구성되어 있다. 가장 전형적인 예는 보리 소포자 배발생에 관한 프로토콜이다. 이 경우, 전 과정은 3개의 주요 단계로 나뉜다.

(i) 꽃밥의 전처리 - 적당한 발달 단계에 있는 꽃밥에 약 4일간 스트레스 전처리를 한다.

(ii) 소포자 배양 - 처리한 꽃밥에서 소포자를 분리하고 배양을 한다. 세포분열은 4일 후에 관찰을 할 수 있고 14일 후에 다세포 구조가 형성된다.

(iii) 배 발달 - 다세포 구조는 배로 발달하고 소식물체로 자라기 위하여 추가로 21일이 필요하다.

이 프로토콜은 매우 다양하다. 소포자 재발생의 성공은 식물 재료에 달려 있다. 식물의 다양성, 나이, 생장 단계 등이 매우 중요한 요인이다. 전처리 스트레스의 역할은 배우체 발달을 포자체 발달로 전환시키는 것이다. 전처리는 온도(저온 혹은 열충격), 양분 부족, 삼투 스트레스 등이며 온전한 꽃(예를 들면, 보리 이삭)에 처리하고, 꽃밥이나 소포자를 분리한다. 스트레스 호르몬인 abscisic acid는 소포자 발달의 재프로그래밍과 연관이 있다.

전처리 동안에, 몇몇 소포자는 배로 발달할 수 있는 배발생 소포자로 발달한다. 배발생 소포자의 크기는 비배발생소포자의 2배이다. 전처리 후, 소포자는 세포분열과 분화가 일어나는 특수한 배지에서 배양한다. 이 단계에서 2배체 반수체를 형성하기 위한 염색체 배가가 자발적으로 혹은 colchicine 처리로 일어날 수 있다.

### 더 읽어보기

**Holme, I.B., Olesen, A., Hansen, N.J.P and Andersen, B.** (1999) Anther and isolated microspore culture response of wheat lines from northwestern and eastern Europe. *Plant Breeding* **118:** 111-117.

**Wang, W., van Bergen, S. and Van Duijn, R.** (2000) Insights into a key developmental switch and its importance for efficient plant breeding. *Plant Physiology* **124:** 523-530.

### 참고문헌

**Chu, C.C., Hill, R.D., Brule-Babel, A.L.** (1990) High frequency of pollen embryoid formation and plant regeneration in *Triticum aestivum* L. on monosaccharide containing media. *Plant Sci.* **66:** 255-262.

**Wang, X. and Hu, H.** (1984) The effect of potato II medium for triticale anther culture. *Plant Sci. Lett.* **36:** 237-239.

# 프로토콜 9.1

밀(*Triticum aestivum* L.)의 꽃밥배양

## 실험기구

- 살균된 해부도구
- 해부현미경
- 배양기, 28℃

## 실험재료 및 시약

- 온실에서 자란 밀
- 4.5 ml의 CHB-2 medium이 들어 있는 Petri dish(60×14-mm)
- CHB-2 medium(pH 4.5; 9%(w/v) maltose 첨가; 살균; Chu *et al*., 1990)
  - 1415 mg $l^{-1}$ $KNO_3$
  - 232 mg $l^{-1}$ $(NH_4)_2SO_4$
  - 200 mg $l^{-1}$ $KH_2PO_4$
  - 83 mg $l^{-1}$ $CaCl_2 \cdot 2H_2O$
  - 93 mg $l^{-1}$ $MgSO_4 \cdot 7H_2O$
  - 32 mg $l^{-1}$ $FeNa_2EDTA$
  - 5 mg $l^{-1}$ $ZnSO_4 \cdot 7H_2O$
  - 5 mg $l^{-1}$ $MnSO_4 \cdot 4H_2O$
  - 5 mg $l^{-1}$ $H_3BO_3$
  - 0.4 mg $l^{-1}$ KI
  - 0.0125 mg $l^{-1}$ $Na_2MoO_4 \cdot 2H_2O$
  - 0.0125 mg $l^{-1}$ $CuSO_4 \cdot H_2O$
  - 0.0125 mg $l^{-1}$ $CoCl_2 \cdot 6H_2O$
  - 1.0 mg $l^{-1}$ glycine
  - 2.5 mg $l^{-1}$ thiamine-HCl
  - 0.5 mg $l^{-1}$ Pyridoxine-HCl
  - 0.5 mg $l^{-1}$ nicotinic acid
  - 0.25 mg $l^{-1}$ biotin
  - 0.25 mg $l^{-1}$ calcium panthothenate
  - 0.5 mg $l^{-1}$ ascorbic acid
  - 300 mg $l^{-1}$ myo-inositol
  - 1000 mg $l^{-1}$ glutamine
  - 0.21 mg $l^{-1}$ glucose
  - 0.5 mg 2,4-D
  - 0.5 mg $l^{-1}$ kinetin
- 70% 에탄올 스프레이
- Sodium hypochlorite(20%)
- Acetocarmine solution
- 살균된 증류수
- 살균된 여과지

## 프로토콜

1. 첫 번째 엽신이 나오기 직전에 이삭의 꽃밥에서 소포자 발달을 검사한다. 꽃밥을 제거하여 acetocarmine으로 염색하고 소포자를 관찰한다.
2. 중기에서 말기의 단핵 단계의 소포자가 발견되는 꽃밥을 포함하는 이삭을 모은다.
3. 끝이 잘린 이삭을 5℃ 수돗물에서 5일간 저장한다.
4. 이삭에 70% 알코올을 뿌리고, 표면을 sodium hypochlorite로 20분간 살균한다.
5. 살균한 증류수로 이삭을 3번 세척하고 살균한 여과지에서 습기를 제거한다.
6. 살균 상태에서 꽃밥을 절개하여 각 이삭에서 채취한 꽃밥을 CHB-2 medium이 들어 있는 Petri dish에 각각 넣는다.
7. 28℃ 암소에서 35일간 배양한다.
8. 식물 재발생을 위하여 - 배양의 마지막 단계에 배를 제거하여 3.5 g $l^{-1}$ Gelrite로 고체화 시킨 190-2 medium(Wang and Hu, 1984)으로 옮긴다. 25℃, 60-80 μmol $m^{-2}s^{-1}$에서 배양한다.

# 프로토콜 9.2

## 밀 소포자배양

### 실험기구

- 믹서기(용기는 살균)
- 스테인리스로 된 철망 100-μm(살균)
- 매우 낮은 속도 작동할 수 있는 탁상용 원심분리기와 살균된 원심분리용 튜브
- Haemocytometer
- 배양기 28℃
- 현미경(UV)

### 실험재료 및 시약

- 프로토콜 9.1과 같은 재료와 시약
- Mannitol 0.3 M(살균)
- Maltose(21% w/v)(살균)
- Petri dishes(35×10-mm)
- Fluorescein diacetate(프로토콜 7.3)

### 프로토콜

1. 프로토콜 9.1에서 설명한 대로 식물을 키워 이삭을 모아서 처리한다.(단계 1-5)
2. 5개 이삭에서 잔 이삭(spikelets)을 떼어 내어 믹서기에서 0.3 M mannitol로 분쇄한다.
3. 스테인리스 철망으로 분쇄액을 거른다.
4. 소포자를 침전시키기 위하여 거른 액을 55 g에서 5분간 원심분리를 한다.
5. 소포자 침전물을 0.3 M mannitol로 다시 부유시킨다.
6. 원심분리 튜브에 21%(w/v) maltose 용액의 위에 현탁액이 층을 이루도록 첨가한다.
7. 55 *g*에서 5분간 원심분리를 한다. 농도기울기 층에 축적된 소포자를 수집한다.
8. mannitol로 다시 부유시켜 소포자 분획을 씻어내고 55 *g*에서 5분간 침전시킨다.
9. FDA로 소포자의 생존능력을 검사하고 haemocytometer로 밀도를 측정한다.
10. 9%(w/v) maltose가 들어있는 CHB-2 medium에 50,000 microspore $l^{-1}$의 농도가 되도록 다시 부유시킨다.
11. 2.0 ml 소포자 현탁액을 35×10-mm Petri dish에 옮기고 28℃에서 28일간 배양한다.

12. 식물 재발생을 위하여 - 배양 마지막 시기에 배를 제거하여 3.5 g $l^{-1}$ Gelrite로 고체화시킨 190-2 medium(Wang and Hu, 1984)으로 옮긴다. 25℃, 60-80 μmol $m^{-2}s^{-1}$의 빛에서 배양한다.

The Basics

Chapter 10

# 기관배양과 배배양

## 1. 서론

배양에서 키우고 유지하는 식물 기관은 식물 발달의 실험적 이해에서부터 고부가가치 생성물에 이르기까지 다양하게 적용할 수 있다. 기관배양의 중요한 특징은 모계식물과 유사한 방식으로 기관이 생장하고 발달한다는 것이다. 이것이 이 책의 다른 장에서 설명한 캘러스 혹은 현탁배양(세포와 조직 배양)과 구별되는 것이다.

여러 식물기관이 성공적으로 배양되었다. White(1934)가 실시한 초기 실험은 뿌리 절편을 무기영양분, sucrose, 효모추출물이 첨가된 액체배지에서 배양하고 10 mm $day^{-1}$의 속도로 계속 자랐다는 것을 보여 주었다. 4일 후에 측근이 발달하고 이 측근으로 새로운 뿌리 배양을 시작할 수 있었다. 뿌리 배양에 대한 프로토콜(그림 10.1과 10.2)은 이 장에서 설명할 것이다. 그 후, 잎, 줄기 정단, 꽃, 꽃밥, 화분, 배주, 과일 등이 성공적으로 배양되었다. 기관배양의 예로서 옥수수 이삭 배양(Greyson, 1994에 기초한)의 프로토콜에 대하여 설명할 것이다.

## 2. 털뿌리

털뿌리배양은 식물조직을 *Agrobacterium rhizogenes*와의 배양으로 형질전환을 시키면서 개발되었다. 형질전환 방법은 *A. tumefaciens*와의 방법과 거의 유사하며, 플라스미드 DNA 조각을 감염시킬 식물 세포에 전달하는 것이다(4장). 형질전환은 호르몬 수준을 변화시켜 식물에서 일반적인 뿌리보다 더 많은 측근을 유도더 많은 측근을 유도하여 뿌리 전체가 작은 뿌리털로 덮인다. 이 뿌리는 모체 없이 액체배양으로 무한정 유지할 수 있다. 세포 및 조직배양에서 중요한 사실은 이 형질전환 뿌리는 본래 식물과 유사한 수준의 2차 대사물질을 생산한다는 것이다. 털뿌리배양은 기관배양의 특수한 형태이고 생물반응장치(bioreactor)에서 계속 유지할 수 있다(14장). **프로토콜** 10.3에서 쌍자엽인 토마토 털뿌리배양 생산에 대하여 설명을 하고 있다. 이 프로토콜은 Jones and Sutton(1977)의 방법을 기본으로 하며, 다른 쌍자엽 털뿌리배양에 적용할 수 있다.

## 3. 배배양

모식물의 종자에서 유래한 배로 실시하는 배배양은 종자와 배 발달 연구 그리고 발아에 문제가 있을 때 생존 가능한 유식물을 얻기 위한 수단으로 매우 중요한 방법이다.

**그림 10.1**

현탁배양으로 키운 *Arabidopsis* 뿌리.

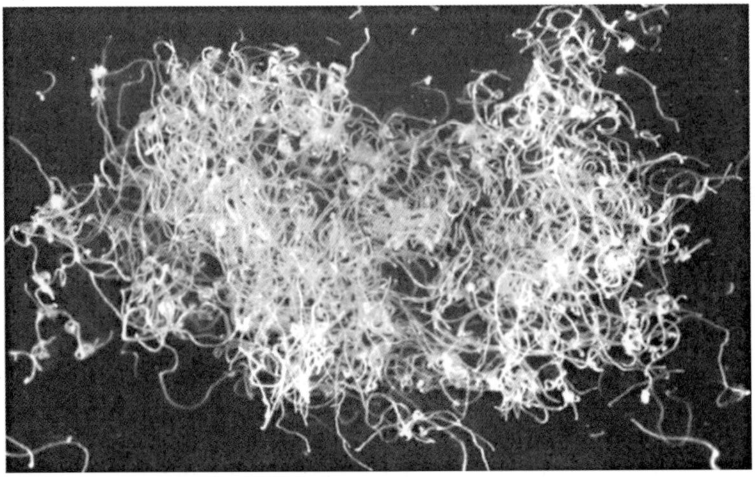

**그림 10.2**

현탁배양으로 키운 *Arabidopsis*의 뿌리를 확대한 사진.

배를 배양하는 가장 쉬운 방법은 거의 성숙하여 발아할 수 있는 종자에서 배를 얻는 것이다(**프로토콜** 10.5). 그러나 다른 경우에(불임 유식물을 얻거나 돌연변이 배를 구제하는 경우) 미성숙 배를 분리하고 고체 배지에서 직접 키운다. 씨방에서 얻은 배의 영양적 요구는 훨씬 복잡하다. 필요한 영양분과 생장요인을 제공하기 위하여 코코넛 배유의 첨가가 필요하다는 것이 1941년 Overbeek에 의해 알려졌다. 배가 성숙함에 따라, 점점 자가영양적으로 되고 따라서 복잡한 영양분은 필요 없게 된다. 다양한 배지가 배배양에 사용되었다. 기본적인 배지(예를 들면 Gamborg's salt) 이외에 sucrose나 glucose는 유용한 탄소원이다. 질소원으로는 asparagine과 비교하여 glutamine을 더 선호한다(Raghavan, 1980). 다른 첨가물로는 호르몬(특히 auxin이나 cytokinin)과 코코넛 배유 혹은 casein hydrolysate와 같이 성분이 확실하지 않은 물질 등이 있다. Agar의 농도가 너무 높으면 배에서 탈수가 일어날 수 있기 때문에 agar 농도가 특히 중요하다.

미숙배배양 기법은 관계가 매우 가까운 종간의 잡종을 생산하거나 형질전환 식물을 생산하는 경우와 같이 배에서 자연적인 불임률이 자주 높게 일어날 때 중요하다. 이 기법에 따르면, 분리된 배는 위에서 설명한 배배양과 같은 고체 배지에서 키운다. 다음에 설명할 미숙배배양 기법은 *Phaseolus vulgaris*와 *Phaseolus polyanthus*의 종간 잡종을 위한 것이다(Geerts *et al.*, 1999). 이 방법은 미성숙 배(초기 심장 형태)를 떼어내어 비타민, 질소원, cytokinin(BAP), 탄소원으로 sucrose, 0.8% agar가 첨가된 Gamborg 혹은 MS(5장 참조)배지에서 키운다. 20일 후에 온실에서 15일간 더 있은 후 배는 뿌리발생 배지($GA_3$ 첨가된)로 옮긴다.

## 4. 소괴경(minitubers)과 미세괴경(microtubers)

기관배양 기법은 번식을 위하여 무병 괴경이 필요한 상업적인 감자 생장에 매우 중요하다. 소괴경은 살균배양에서 분열정단조직 배양으로 얻은 묘목에 의해 *in vitro*로 생산된다. 묘목은 분열조직 절편에서 4-8주 동안 발달하고 정기적으로 마디 조각을 계대배양을 한다. 뿌리가 나온 조각은 소괴경 - 지름이 3 cm 이하인 작은 종자 괴경을 살균한 배지에서 발생시키는 데 사용한다. 소괴경을 생산하는 식물은 주요 감자 병원균에 대하여 광범위하게 검사를 받는다. 소괴경은 필요할 때까지 통제된 환경에서 저장되며 맹아가 유도된다. 그 대신에 미세괴경은 지름이 최대 5 mm 인데, 잎의 축에서 *in vitro* 배양으로 생산된다. 미세괴경은 소식물체나 소괴경을 생산하기 위하여 온실에 심거나 혹은 밭에 직접 심는다.

### 참고문헌

**Geerts, P., Mergeai, G. and Baudoin, J.-P.** (1999) Rescue of early heart shaped embryos and plant regeneration of *Phaseolus polyanthus* Greenm. and *Phaseolus vulgaris* L. *Biotechnol. Agron. Soc. Environ.* **3:** 141-148.

**Greyson, R.I.** (1994) Maize inflorescence culture. In: The Maize handbook (eds. M.

Freeling and V. Walbot). Springer-Verlag. Berlin.

**Jones, P.G. and Sutton, J.M.** (1997) *Plant Molecular Biology - Essential Techniques.* John Wiley & Sons. Chichester.

**Raghavan, V.** (1980) Embryo culture. *Int. Rev. Cytol. Suppl.* **11B:** 209-240.

**White, P.R.** (1934) Unlimited growth of excised tomato root tips in a liquid medium. *Plant Physiol.* **9:** 585-600.

# 프로토콜 10.1

## 쌍자엽 일차 유식물 뿌리의 분리와 배양

### 실험기구

- 살균된 증류수 200 ml가 들어 있는 250-ml 삼각플라스크 3개
- 90-mm Petri dish 25개
- 살균된 증류수 20 ml가 들어 있는 유리 배양 튜브(150×25-mm) 12개
- rooting medium(MR) 20 ml가 들어 있는 유리 배양 튜브(150×25-mm) 12개
- 메스 3개
- 핀셋 2개

### 실험재료 및 시약

- MR; pH 5.8
  - 236 mg $l^{-1}$ $Ca(NO_3)_2 \cdot 4H_2O$
  - 2 mg $l^{-1}$ $FeSO_4 \cdot 7H_2O$
  - 12 mg $l^{-1}$ $KH_2PO_4$
  - 81 mg $l^{-1}$ $KNO_3$
  - 65 mg $l^{-1}$ KCl
  - 36 mg $l^{-1}$ $MgSO_4 \cdot 7H_2O$
  - 4% sucrose
- 완두 종자 24개
- 10% w/v calcium hypochlorite 200 ml가 들어 있는 250-ml 삼각플라스크
- 95% 에탄올 100 ml가 들어 있는 Pyrex 삼각플라스크 1개
- muslin 천(60×60-mm) 2조각
- 200 ml의 1% aq. Tween-20 들어 있는 250-ml 삼각플라스크 1개

### 프로토콜

1. 종자를 muslin 천에 싸서 95% 에탄올에 10초, 1% aq. Tween-20에 1분, 10% w/v calcium hypochlorite에 20분간 담근다. Laminar flow hood를 사용하여 무균 상태에서 실험을 한다.
2. 종자를 증류수에서 3번 씻는다.
3. 증류수가 들어있는 8개 Petri dish 각각에 종자 2개씩 넣는다.
4. 48시간 동안 암소에서 발아시킨다.
5. 일차뿌리 정단 10 mm를 잘라서 20 ml의 MR medium이 들어 있는 배양 튜브에 넣는다.
6. 25℃ 암소에서 배양한다. 측근은 5-6일 후에 발달할 것이다.
7. 측근 정단을 제거하여 다시 배양한다.

# 프로토콜 10.2

## 단자엽(옥수수) 뿌리 분리와 배양

### 실험기구

- orbital shaker
- 살균된 핀셋 2개
- 살균된 배양튜브(20 ml)
- 살균된 Petri dish(24×90-mm)
- 살균된 filter paper

### 실험재료 및 시약

- White's basal salts; pH 5.8 - 시판용도 있으며 제조 가능
  - 1.5 mg $l^{-1}$ $H_3BO_3$
  - 2.5 mg $l^{-1}$ ferric sulphate
  - 5 mg $l^{-1}$ $MnSO_4 \cdot H_2O$
  - 0.75 mg $l^{-1}$ KI
  - 12 mg $l^{-1}$ $KH_2PO_4$
  - 200 mg $l^{-1}$ $Na_2SO_4$
  - 200 mg $l^{-1}$ $Ca(NO_3)_2 \cdot 4H_2O$
  - 360 mg $l^{-1}$ $MgSO_4 \cdot 7H_2O$
  - 65 mg $l^{-1}$ KCl
  - 80 mg $l^{-1}$ $KNO_3$
  - 16.5 mg $l^{-1}$ $NaH_2PO_4 \cdot H_2O$
  - 2-4% sucrose
- 살균된 증류수 200 ml가 들어 있는 250-ml 삼각플라스크 3개
- 살균된 White's medium 50 ml가 들어 있는 250-ml 삼각플라스크 5개
- 옥수수 종자 24개
- 5% w/w sodium hypochlorite 200 ml가 들어 있는 250-ml 삼각플라스크

### 프로토콜

1. 5% w/v sodium hypochlorite에 옥수수 종자를 20분간 담근다. Laminar flow hood를 이용하여 살균된 조건에서 실험을 실시한다.
2. 옥수수 종자를 살균된 증류수에서 3번 씻는다.
3. 8개의 Petri dish 각각에 살균된 증류수로 적신 여과지를 깔고 옥수수 종자 2개씩 놓는다.
4. 실온이며 암소인 곳에서 배양한다.
5. 일차뿌리 정단 10 mm를 잘라 50 ml의 White's medium이 들어 있는 250-ml 삼각플라스크에 넣는다.
6. 25°C, 암소에서 50-60 rpm으로 회전하는 orbital shaker로 배양한다. 5-6일 후 측근이 발달할 것이다.
7. 측근 정단을 제거한 후 다시 배양한다.

# 프로토콜 10.3

## 털뿌리배양(*Agrobacterium rhizogenes*로 식물 형질전환)

### 실험기구

- 살균된 Filter paper(Whatman no. 1) 90-mm
- 살균된 메스
- 살균된 주사기와 바늘
- 살균된 핀셋
- 살균된 250-ml 삼각플라스크
- *A. rhizogenes* 배양을 위한 배양기(28℃, 13장 참조)
- Petri dish를 위한 배양기 -22℃
- Orbital incubator -16℃ 암소, 120 rpm

### 실험재료 및 시약

- 살균된 MS basal medium(5장)
- 1/2×MS basal medium + 3% sucrose와 Gamborg's B5 vitamin이 첨가된 0.2% Phytagel이 들어 있는 Petri dish(90-mm): 살균
  - Gamborg's B5 vitamins
  - 1 mg $l^{-1}$ nicotinic acid
  - 1 mg $l^{-1}$ pyridoxine HCl
  - 10 mg $l^{-1}$ thiamine HCl
  - 100 mg $l^{-1}$ myoinositol
- 1/2×MS basal medium + 3% sucrose와 Gamborg's B5 vitamin이 첨가된 0.2% Phytagel(살균)과 10 μg $ml^{-1}$ kanamycin과 250 μg $ml^{-1}$ cefotaxime이 들어 있는 Petri dish(90-mm)
- Yeast mannitol agar(YMA) medium이 들어 있는 Petri dish
  - YMA medium
  - 2 mg $l^{-1}$ $MgSO_4$
  - 0.5 mg $l^{-1}$ $K_2HPO_4$
  - 0.1 mg $l^{-1}$ NaCl
  - 10 mg $l^{-1}$ mannitol
  - 0.4 mg $l^{-1}$ yeast extract
  - 8 g $l^{-1}$ agar
  - 살균 후 50 μg $ml^{-1}$ rifampicin과 50 μg $ml^{-1}$ neomycin 첨가

#### Antibiotic stocks(사용할 때까지 -20℃에 보관)

- Rifampicin(50 mg $ml^{-1}$ in methanol)
- Neomycin(50 mg $ml^{-1}$ in distilled water)

- Cefotaxime(250 mg $ml^{-1}$ in distilled water)
- Kanamycin(10 mg $ml^{-1}$ in distilled water)

Agrobacterium

- binary vector를 가진 *Agrobacterium rhizogenes*(예를 들면, strain LBA9402, Rif®)

## 프로토콜

Laminar flow hood를 사용하여 무균상태에서 실험을 한다.

1. 종자 표면을 살균하고 살균한 Petri dish에서 발아시킨다(6장 참조)
2. 28°C에서 50 μg $ml^{-1}$ rifampicin과 50 μg $ml^{-1}$ neomycin이 첨가된 YMA medium에서 자란 *A. rhizogenes*를 하룻밤 배양한 것을 사용한다.
3. 유식물에서 뿌리를 자른다. 살균한 주사 바늘로 먼저 *A. rhizogenes* 배양액에 담근 후 이 바늘로 하배축을 찌른다. 여러 접종 부위에 이것을 반복한다.
4. 유식물을 B5 vitamin이 첨가된 1/2 MS medium이 담겨있는 Petri dish로 옮긴다.
5. 22°C에서 16시간 명기인 조건에서 48시간 배양한다.
6. 뿌리가 형성될 때(7-10일)까지 22°C 암소에서 배양한다.
7. B5 vitamin과 10 μg $ml^{-1}$ kanamycin 그리고 250 μg $ml^{-1}$ cefotaxime이 첨가된 1/2 MS medium으로 옮긴다.
8. 필요하면 뿌리는 신선한 plate로 계대배양을 한다.
9. 액체진탕배양을 하기 위하여 뿌리 정단으로부터 10 mm를 자른 후 B5 vitamin이 첨가된 50 ml의 1/2 MS medium이 들어있는 삼각플라스크로 옮긴다. 16°C에서 120 rpm으로 회전배양기에서 배양하고 뿌리가 갈색으로 변하기 시작하면 신선한 배지로 계대배양을 한다.

# 프로토콜 10.4

## 곡류(예, 옥수수) 이삭의 살균 배양

### 실험기구

- 살균한 해부 바늘
- 살균한 메스
- 살균한 핀셋
- 살균한 알루미늄 포일로 만든 뚜껑
- 28℃ 배양기

### 실험재료

**(살균)**

- 125-ml 삼각플라스크 당 다음 혼합용액을 40 ml씩 나누어 넣는다.

| 용 액 | 성 분 | |
|---|---|---|
| MS basal medium | (프로토콜 5.1 참조) | |
| White's vitamins | 0.5 mg $l^{-1}$ folic acid<br>1.0 mg $l^{-1}$ thiamine HCl | 0.1 mg $l^{-1}$ nicotinic acid<br>0.1 mg $l^{-1}$ pyridoxine HCl |
| 기타 첨가물 | 3 mg $l^{-1}$ glycine<br>27.8 mg $l^{-1}$ $FeSO_4 \cdot 7H_2O$<br>6% w/v sucrose | 100 mg $l^{-1}$ I-inositol<br>37.3 mg $l^{-1}$ $Na_2EDTA$<br>$10^{-7}$ M kinetin |

- 증류수가 들어있고 알루미늄으로 싼 250-ml 비커 3개
- 10% sodium hypochlorite가 들어 있는 250-ml 1개

### 프로토콜

1. 5-10 mm 길이로 자란 이삭을 얻는다.
2. 10% sodium hypochlorite로 15분간 표면 살균을 한다.
3. Laminar flow cabinet으로 옮긴다.
4. 증류수로 3회 씻는다.
5. 이삭을 medium이 들어 있는 삼각플라스크에 넣는다.
6. 살균한 알루미늄 포일 뚜껑으로 입구를 덮는다.
7. 18시간 명기, 6시간 암기, 28℃인 조건에서 배양한다.

# 프로토콜 10.5

## 쌍자엽인 *Phaseolus vulgaris*의 미숙배배양

### 실험기구

- 살균한 mounted needle(주: 손잡이가 있는 바늘) 2개
- 살균한 파스퇴르 피펫 10개
- 살균한 메스
- 해부현미경
- 26℃ 배양기

### 실험재료 및 시약

(살균)

- 배주 현탁 배지: 120 mg $l^{-1}$ sucrose, 0.75 g $l^{-1}$
- 90-mm Petri dish에 G1 medium
  - Gamborg salts(5장)
  - 30 mg $l^{-1}$ sucrose
  - 5 mg $l^{-1}$ nicotinic acid
  - 100 mg $l^{-1}$ myo-inositol
  - 1 mg $l^{-1}$ L-glutamine
  - 8 g $l^{-1}$ Difco agar
  - 400 mg $l^{-1}$ $NH_4NO_3$
  - 1 mg $l^{-1}$ thiamine HCl
  - 0.5 mg $l^{-1}$ pyridoxine HCl
  - 1 mg $l^{-1}$ casein hydrolysate
  - 0.028 mg $l^{-1}$ BAP
- 20×150-mm 배양 튜브에 RI를 20 ml 씩 넣는다; G1에서 $NH_4NO_3$ 제거한 것과 같으며 다음 시약을 첨가한다.
  - 100 mg $l^{-1}$ L-glutamine
  - 0.03 mg $l^{-1}$ $GA_3$
  - 100 mg $l^{-1}$ casein hydrolysate
- 200 ml의 살균한 증류수가 들어 있는 250-ml 삼각플라스크 3개
- 200 ml의 에탄올(70% w/v)이 들어 있는 250-ml 삼각플라스크
- 200 ml의 calcium hypochlorite가 들어 있는 250-ml 삼각플라스크

### 프로토콜

1. 수분이 일어나고 9-11일 후에 어린 꼬투리(seed pod)를 수확한다.
2. 꼬투리를 70% 에탄올로 1분간 표면 살균을 한다.

3. 꼬투리를 5% calcium hypochlorite에 5분간 담근다.
4. 살균한 증류수로 3번 씻는다.
5. Laminar flow cabinet 안에서 꼬투리의 배주를 절개하여 해부현미경 밑에 놓여 있는 배주 현탁배지가 들어 있는 Petri dish에 넣는다.
6. mounted needle을 사용하여 배주에서 배를 분리하고 파스퇴르 피펫의 끝으로 배주 현탁배지로 부드럽게 끌어낸다.
7. G1 medium이 들어 있는 Petri dish 표면에 배지 1방울과 함께 배를 놓는다(Petri dish 당 배 8개까지).
8. 뚜껑을 덮고 26℃ 암소에서 10일간 배양하고 26℃이며 12시간 명기, 12시간 암기인 조건에서 20일 배양한다.
9. 무균상태에서 배를 R1 배지가 들어 있는 배양 튜브에 옮긴다.
10. 26℃이며 12시간 명기, 12시간 암기인 조건에서 유식물이 발달하고 뿌리계가 발달할 때까지 배양한다. 발달이 되면 유식물은 모래:질석:퇴비가 1:1:1로 섞인 살균한 화분에 옮겨 성숙될 때까지 키운다.

The Basics

Chapter 11

# 식물의 재발생과 미소대량증식

## 1. 서론

식물세포는 전형성능(totipotency)을 가지고 있기 때문에 원형질체, 단세포, 작은 식물 조직 절편에서 식물 전체를 재발생시키는 것이 가능하다(2장). 전형성능은 온전한 식물체를 형성하기 위하여 프로그램화된 경로를 따라 적절한 배양 조건을 통하여 식물세포가 발달하는 것을 의미한다. 재발생된 식물은 세포를 제공한 공여체 식물과 동일하다. 식물조직배양에 의한 식물 재발생은 생명공학과 식물교배에서 필수적이고 기본적인 과정이며 많은 원예식물과 농업식물의 무성 번식의 방법으로 사용하고 있다.

전형성능의 놀라운 현상의 하나는 캘러스나 체조직에서 얻은 단세포가 배양을 통하여 정상적인 배를 만드는 것이며, 이는 식물만이 가지고 있는 독특한 능력이다. 이 과정은 체세포 배발생(somatic embryogenesis)이라고 하며, 형성된 배는 *in vitro* 배양으로 온전한 새로운 식물로 재발생될 수 있다. 체세포 배발생은 40년 전에 당근 캘러스 세포로 처음 설명되었다(Steward *et al.*, 1958; 1장 참조). 이후에 여러 종에 대한 체세포 배발생 프로토콜과 방법이 개발되어 식물의 재발생과 식물 배발생의 초기 단계에서 형태와 조절적 현상 연구에 사용되었다.

체세포 배발생 이외에도, 재발생은 다른 발달 단계를 통하여 이루어진다. 가장 간단한 경우로, 성숙한 식물에서 작은 조직(절편; explant)을 잘라내어 무균 조건에서 적절한 배양 배지로 옮기는 것이다. 배양 배지에 식물 호르몬의 농도를 조절하여 원하는 기관을 유도한다(기관발생). 일반적으로 줄기 발달(shoot development; caulogenesis)은 특별히 조제된 배지에서 유도된다. 이렇게 분화된 줄기는 뿌리가 발달하도록(rhizogenesis) 뿌리용 배지에 옮겨 소식물체와 온전한 식물이 형성되도록 한다.

## 2. 체세포 배발생을 통한 재생

일반적으로 식물은 접합체배(zygotic embryo)의 발달을 통하여 번식한다. 접합체배는 배주의 배낭 내에서 수정이 일어나 형성된 접합체에서 발달한다. 질서정연한 세포 분열과 분화 과정을 통하여 배는 형성되고 성숙한다. 접합체에서 배로 전환되는 과정을 접합체 배발생이라고 하며 식물의 생활사가 시작된다. 성숙한 배의 생장과 발달은 성숙한 종자에서 건조가 일어나면서 중지되고, 유식물이 나오는 발아 과정을 통하여 생장은 재개된다. 배발생 동안에, 줄기정단분열조직과 뿌리정단분열조직을 포함하는 식물체의 구성 요소가 확립된다. 식물체는 거의 정단분열조직에서 배후적으로(post-embryonically) 형성된다(2장).

식물에서 배발생은 절대적으로 수정에 의존하지 않는다. 대부분의 식물 종에서 배는 종자에서 무수정생식을 통하여 자연적으로 혹은 조직배양에서 유도될 수 있다. 무수정생식 배는 무수정 난자나 배주의 체조직에서 유래될 수 있고 모계모체와 유전적으로 동일하다.

무성배(asexual embryo)는 또한 단세포나 광범위한 배우체와 체조직에서 유래한 세포집단에서 유도될 수 있다. 웅성배(androgenic embryo)는 *in vitro*에서 배양된 소포자(미성숙 화분) (9장 참조)에서 발달하고, 체세포 배는 배양을 통하여 체조직에서 유도된다. 두 경우 모두, 배 유도를 위하여 배양 배지에 식물호르몬과 생장조절제의 농도 조절과 스트레스 처리가 필요하다. 공여체 조직의 종류와 스트레스 처리 등은 배가 단세포에서 직접적으로 발달할 것인지 아니면 캘러스 조직을 통하여 간접적으로 발달할 것인지 결정한다.

체세포나 체조직에서 배가 발달하는 과정은 체세포 배발생이라고 한다(그림 11.1). 체세포 배발달은 접합체배 발달과 매우 유사하다. 체세포 배발생에서 유래한 모든 식물은 유전적으로 유사하다. 따라서 체세포 배발생을 통한 미소대량증식은 동일한 식물이나 형질전환된 식물을 대량으로 생산할 수 있는 효과적인 방법이다.

체세포 배는 배양 조건을 조절하여 캘러스 세포에서 유도시킬 수 있다. 당근의 경우, 그림 11.2에 요약된 것과 같이 간단한 과정이며 그 과정은 다음과 같다.

(i) 무균 상태에서 키운 유식물에서 잘라낸 하배축 조직의 절편으로 캘러스 세포주의 확립

(ii) 세포를 auxin 농도가 낮은 배지로 옮김

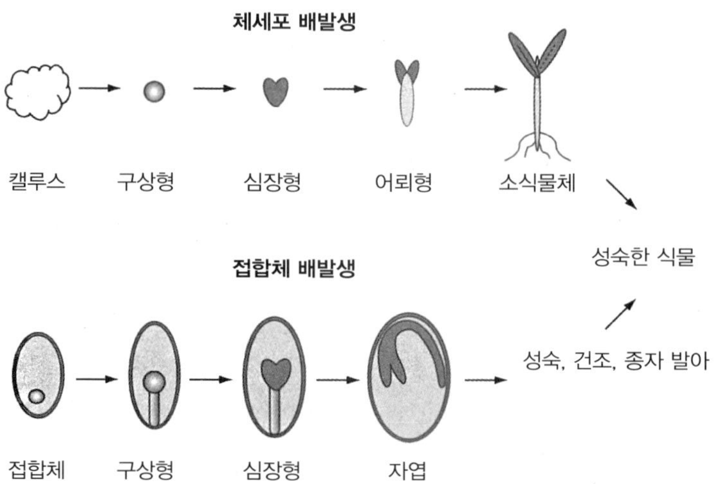


**그림 11.1**

**주요 단계(구상형, 심장형, 어뢰형)를 중심으로 체세포 배발생과 접합체 배발생의 비교**

(iii) 낮은 밀도가 되도록 세포의 희석

배양 중인 모든 세포가 배를 형성하지 못한다. 배발생 능력은 전배발생세포덩어리(proembyrogenic cell mass; PEMs)라고 하는 배양체의 부분모집단 내에 있다. PEM의 세포는 세포질의 밀도가 높고 녹말체로 가득 찬 작은 세포이다. 반대로, 비배발생 캘러스는 크고 액포화되어 있다. 이러한 특징은 이용하여 체로 거르거나, 밀도기울기 분획법으로 배양체에서 PEM을 선택하여 배양하면 배발생 세포의 집단의 수를 많게 할 수 있다.

체세포배는 접합체와 같은 특징적 형태의 과정을 거치지만 건조 단계를 거치지 않고 직접 유식물로 생장한다(그림 11.2) 처음 식별할 수 있는 단계는 구상단계(globular stage)로서 배가 구 형태이다. 접합체 배발생에서 구형배는 배병에 의해 모체 조직에 붙어있다. 체세포 배의 구상단계는 배양체를 낮은 auxin 배지로 옮긴 후 5-7일 후에 PEM에서 자란다. 액체배양에서 발달하는 배와는 반대로, 고체 배지에서 자라는 배는 작은 배병과 비슷한 부위가 발달한다. 등축생장(isodiametric growth)이 일어난 지 2-3일 후에, 구상형 단계는 길쭉한 구조를 형성하기 위하여 양방향으로 대칭적 생장이 일어난다. 이 단계는 심장형 단계(heart stage)의 시작이며 2개의 자엽이 확장되는 특징을 나타낸다. 심장단계에 이어 하배축의 확장과 어린뿌리의 형성이 일어나는 어뢰형 단계(torpedo stage)가 일어난다. 유도 후 약 18-21일에, 유식물의 식별이 가능하다. 이 소식물체는 초록색 부분, 신장된 하배축과 뿌리털이 분명하게 발달된 어린뿌리를 가지고

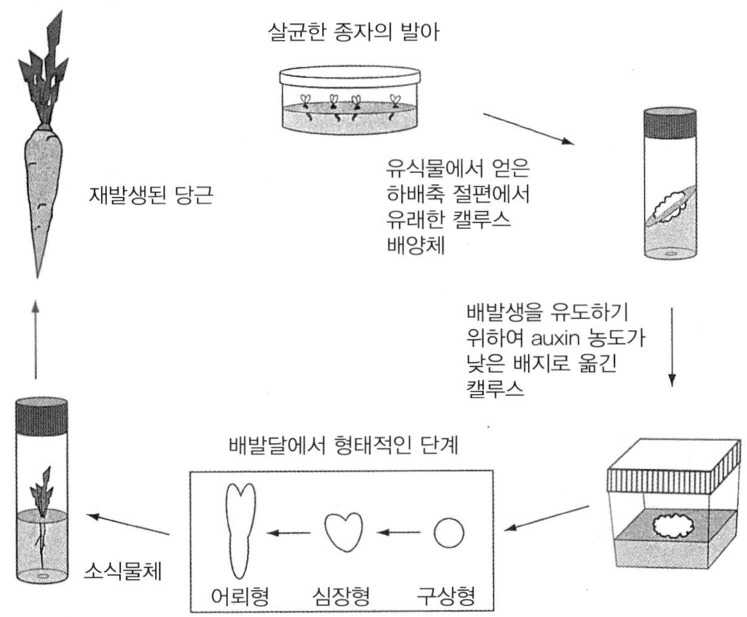


**그림 11.2**

**당근에서 캘러스를 거친 배의 유도 단계**

있다. 이 소식물체를 온전한 식물로 재발생되도록 고체배지로 옮긴다.

## 3. 배발생의 조절

배양체의 배발생 능력은 배양체가 상대적으로 어릴 때 즉, 개시 후 1년까지 가장 높다. 그러나 여러 해 동안 높은 auxin 농도에서 미분화된 상태로 계대배양하고 유지된 배양체는 점차 배발생 능력을 잃게 된다.

auxin은 체세포 배발생 유도와 배의 적절한 형태적 발달에 관여하는 가장 중요한 생장 조절제이다. 당근 세포배양체는 배발생 능력을 위하여 auxin 유도체인 2,4-D가 필요하지만 이 auxin이 계속 존재하면 PEM 단계 이상으로 발달하는 것을 억제하며 어떤 세포주에서는 구상형 단계를 벗어나지 못한다. 배양체를 auxin 농도가 낮거나 auxin이 없는 배지로 옮기면 억제가 없어지고 배발생이 일어난다. 배발생이 진행됨에 따라, 발달하는 배는 자신의 auxin을 생성한다. 게다가, auxin의 극성 수송은 구상형 단계를 벗어나는 정상적인 형태발생을 위하여 필요하다. auxin 이외에도, 다른 분자들이 체세포 배발생에 관련되어 있다. 이러한 분자에는 endochitinase와 arabinogalactan(AGPs) proteins와 같이 배양 배지로 분비되는 단백질 등이 있다.

체세포 배발생의 유도와 진행 동안에 일어나는 분자 수준의 자세한 내용은 거의 알려져 있지 않다. 그러나 배발생의 초기 과정을 조절하는 특수한 유전자를 확인하기 위한 연구가 많이 진행되고 있다, 이 유전자들은 체세포가 배발생으로 전이되는 연구하는데 매우 유용하다. 게다가 이 유전자나 유전자 산물은 혼합된 세포 집단에서 배발생 세포를 수동이나 자동으로 분리하는데 적합한 특수한 마커로 응용할 수 있다. 지금까지, 분리된 대부분의 유전자는 기본적인 발달 과정을 조절하며 배의 발달을 제한하지 않는다. 그러나 최근에 배발생 개시 동안에 당근 배양의 작은 세포 집단에서 발현되는 유전자가 확인되었다. 이 유전자는 somatic embryogenesis kinase(DcSERK: GenBank accession no. A67796)로서 Leu-rich repeat(LRR) transmembrane receptor-like kinase(RLK)를 암호화한다. DcSERK는 초기 체세포 배발생과 구상 접합체배에서 발현된다. DcSERK와 *Arabidopsis* 유사체인 AtSERK1은 배발생 발달 프로그램을 작동시키는 신호 경로의 한 부분이라고 생각된다.

## 4. 기관발생을 통한 재발생

여러 종의 분열조직에서 식물을 재발생시키는 것은 가능하다. 예를 들면, 정해진 식물 호르몬 농도의 조합을 이용하여 줄기정단과 측아절편에서 다아체(multiple shoot)가 유도된다. 형성된 많은 줄기는 분리되어 유식물을 생산하기 위하여 적절한 뿌리 유도 배지에서 키운다.

몇몇 종에서는 비분열조직이나 외래조직의 절편에서 기관발생에 의해 직접적으로 혹은 캘러스 배양에 의해 간접적으로 재발생시키는 것이 가능하다. 일반적인 원칙에 따라, 재발생은 다양한 auxin/cytokinin 비율에 의해 유도된다.

기관발생에 의해 조직 절편에서 식물이 재발생되는 과정은 경제적으로 중요한 식물의 미소대량번식을 위하여 광범위하게 사용된다. 일반적으로 이 과정은 다음 4단계로 구성된다.

(i) 개시 단계 - 선택된 공여체 식물에서 절편(조직 조각)을 잘라 표면을 살균하여 무균 배양을 확립하기 위하여 고체 배양 배지에 옮긴다.

(ii) 증식 단계 - 자라는 절편을 cytokinin이 포함된 배지에 옮겨 영양 줄기를 생산하도록 유도한다.

(iii) 뿌리 형성 혹은 전 식물단계 - 분화된 줄기는 auxin이 포함된 배지에 옮겨 부정근(adventitious root)을 유도한다. 쉽게 뿌리가 나오도록 하기 위하여 auxin이 항상 필요하지 않으며 많은 상업용 프로토콜은 이 단계를 생략한다.

(iv) 적응 단계 - 생장하는 뿌리가 있는 줄기는 배양 배지에서 분리하여 토양에 심는다. 조직-배양된 식물이 시들음에 대단히 민감하기 때문에 이 소식물체는 낮은 습도 조건에 점차 순응하도록 통제된 조건하에서 발달시킨다.

## 5. 프로토콜

일반적인 프로토콜은 auxin 농도가 높은 캘러스 유도 배지에서 호르몬이 없는 배지로 옮기는 것을 이용하여 단자엽과 쌍자엽의 캘러스에서 생존 가능한 유식물의 재발생에 대하여 제시하고 있다. 우리 실험실에서는 Petri dish에서 캘러스를 키우고 생장하는 유식물을 큰 화분으로 옮기기 전에 배양 튜브로 배를 옮긴다(그림 11.3과 11.4, 제5장 참조). Mather and Koncz(1998)의 방법에 근거한 *Arabidopsis* 재발생에 대한 프로토콜도 제시한다. 이 프로토콜은 일반적으로 줄기가 먼저 개시되고 뿌리가 분화하는 형질전환된 식물을 위하여 사용되는 방법이다. 이 방법을 사용하여 캘러스 개시 후 3개월이면 살아있는 식물을 얻을 수 있다. 또한, 우리는 나자식물의 클론 번식에 대한 방법도 요약하였다(Attree *et al.*, 1996). 이 방법에 근거한 기술은 클론 나무를 대량 생산하는 상업화에 성공하였다(제3장). 캘러스에서 생장한 나자식물 배의 예는 그림 11.4에 나타내었다.

**그림 11.3**

**담배를 무균상태로 MS agar에서 키운 후 유리병으로 옮긴지 14일된 소식물체(a)와 6주된 소식물체(b).** 소식물체 (b)는 온실에서 키울 수 있다.

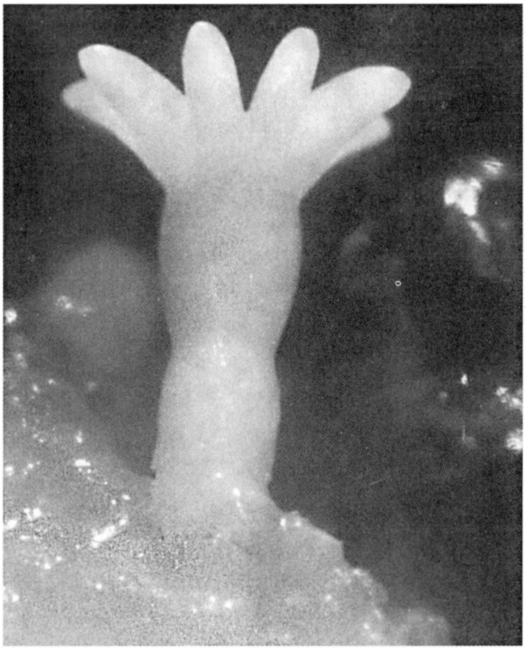

**그림 11.4**

배발생 캘러스에서 직접 생산된 유럽가문비나무의 배

## 더 읽어보기

**Greyson, R.I. and Walden, D.B.** (1994) Axillary bud *in vitro* culture: asexual propagation of maize. In: *The Maize Handbook* (eds. M. Freeling and V. Walbot). Springer Verlag, New York.

**Zimmerman, J.L.** (1993) Somatic embryogenesis: a model for early development in higher plants. *Plant Cell* **5:** 1411-1423.

## 참고문헌

**Attree, S., Rennie, P.J. and Fowke, L.C.** (1996) Induction of somatic embryogenesis in conifers. In: *Plant Tissue Culture and laboratory Exercise* (eds. R.J. Trigiano and R.J. Gray). CRC Press, Boca Raton, Florida.

**Mather, J. and Koncz, C.** (1998) Callus culture and regeneration. In: *Methods in Molecular Biology*, Vol 82, Arabidopsis *protocols* (eds. J Martinez-Zapater and J. Salinas). Humana Press, Totowa, New Jersey.

**Steward, F.C., Mapes, M.O. and Mears, K.** (1958) Growth and organized development of cultured cells. *Am. J. Bot.* **45:** 705-708.

# 프로토콜 11.1

## 쌍자엽(당근)이나 단자엽(곡류, 벼)에서 캘러스의 배발생

### 실험기구

- 쌍안현미경
- 생장 배양기(25℃, 16시간 명기 : 8시간 암기)

### 실험 재료 및 시약(살균)

- 다음 각 배지에서 배양한 배발생 배양
  - 쌍자엽: 2-5 mg $l^{-1}$ 2,4-D, 0.6 mg $l^{-1}$ kinetin, 2% sucrose가 포함된 MS 배지
  - 단자엽: 0.5 mg $l^{-1}$ 2,4-D, 3% sucrose가 포함된 MS 배지
  - 3-6주 된 후 매 4주마다 계대배양, 프로토콜 6.2와 6.3 참조)
- 95% 에탄올
- 150 ml 액체 MS 배지
- 호르몬을 제거한 MS 배지 + 0.8% agar + 2% sucrose
- 호르몬이 없고 2% sucrose, 0.8% agar가 들어 있는 MS agar가 사면으로 들어 있는 배양 튜브(제5장 참조)
- 2,4-D나 cytokinin이 없고 2% sucrose가 첨가된 MS agar가 들어 있는 배양병(제5장 참조)
- 살균한 화분용 퇴비가 들어 있고 투명한 뚜껑이 있는 화분
- 살균한 해부도구

### 프로토콜

1. 캘러스 조각(0.5-1.0 $cm^2$)을 떼어내어 호르몬이 없는 MS agar의 표면에 놓는다.
2. 25℃, 16시간 명기 : 8시간 암기인 조건에서 배양한다.
3. 2주 후에 캘러스의 표면에 초록색 부분으로 보이는 배가 처음 나타나기 시작한다. 해부현미경으로 보면 구상 형태, 심장 형태, 어뢰 형태의 배가 보일 것이다.
4. 배를 조심스럽게 떼어내어 호르몬이 없는 MS agar가 들어 있는 배양 튜브로 옮겨 유식물이 관찰될 때까지 계대배양을 한다.
5. 배양병에서 3-4개의 잎이 형성될 때까지 유식물을 계대배양을 한다.
6. 뿌리를 살진균제(fungicide; 0.02% Benomyl)로 씻고 살균된 화분용 퇴비가 들어 있는 화분으로 옮겨 습기가 있는 용기에 둔다. 유식물이 완전히 순응할 때까지 서서히 습도를 낮춘다.

# 프로토콜 11.2

## 기관발생에 의한 식물 재발생

### 실험기구

- 쌍안현미경
- 회전배양기(120 rpm, 25℃, 16시간 명기 : 8시간 암기)
- 생장 조절실 혹은 배양기(25℃, 16시간 명기 : 8시간 암기)
- microfuge
- 배양튜브
- 배양병(Kilner jar)
- 살균된 핀셋, 메스, 가위
- 9-cm Petri dish

### 실험재료 및 시약

- 0.1% 계면활성제(Tween, Triton)가 들어 있는 10% sodium hypochlorite
- 살균한 증류수
- 0.5 MS 배지, 0.8% agar(pH 5.8)가 들어 있는 9-cm Petri dish
- 3% sucrose가 들어 있는 MS 배지(pH 5.8)
- 0.5% sucrose와 0.8% agar가 첨가된 0.5 MS 배지가 들어 있는 배양병
- Callus medium: MS medium(pH 5.8)에 다음 화합물을 첨가하여 9-cm Petri dish에 넣음
  - 3% sucrose
  - 0.5 mg $l^{-1}$ 2,4-D
  - 2.0 mg $l^{-1}$ IAA
  - 0.5 mg $l^{-1}$ IPAR
  - 0.5 mg $l^{-1}$ NAA
  - 0.8% agar
- Shoot medium: MS medium(pH 5.8)에 다음 화합물을 첨가하여 9-cm Petri dish 혹은 배양병에 넣음
  - 2.0 mg $l^{-1}$ IPAR
  - 0.05 mg $l^{-1}$ NAA
  - 0.8% agar
- Root medium: MS medium(pH 5.8)에 다음 화합물을 첨가하여 배양병에 넣음
  - 1.0 mg $l^{-1}$ IAA
  - 0.2 mg $l^{-1}$ IBA
  - 0.2 mg $l^{-1}$ IPAR
  - 0.8% agar

## 프로토콜

1. sodium hypochlorite가 들어 있는 Eppendorf tube에 0.1 g 종자를 15분간 흔들면서 표면 살균을 한다.
2. 잠시 원심분리를 하여 상등액을 따르고 살균한 증류수로 5회 씻어낸다.
3. 0.8% agar가 포함된 0.5 MS 배지가 들어 있는 Petri dish에 종자를 놓고 25℃, 16시간 명기 : 8시간 암기 조건에서 발아시킨다.
4. 1주일 후 agar는 없고 3% sucrose가 포함된 MS 배지 35 ml가 들어 있는 250-ml 삼각플라스크에 유식물을 넣는다. 뚜껑을 닫고 15-20일 동안 25℃, 120 rpm, 16시간 명기 : 8시간 암기 조건인 orbital shaker에 놓는다(뿌리가 증식한다).
5. 유식물에서 뿌리를 잘라 수거한다.
6. Petri dish에 callus medium을 넣고 25℃에서 배양한다.
7. 캘러스가 형성되면(2-3주) shoot medium이 들어 있는 Petri dish로 옮겨 줄기가 형성될 때까지 2주 동안 배양한다.
8. shoot medium이 들어 있는 배양 튜브에 옮긴다.
9. 4-6개의 잎이 형성되면 root medium이 들어 있는 배양 튜브나 배양병으로 옮겨 뿌리가 형성될 때까지 배양한다.
10. 마지막으로 0.8% agar와 0.5% sucrose가 들어 있는 0.5 MS 배지가 들어 있는 큰 배양병에서 작은 유식물이 생장하도록 한다.

# 프로토콜 11.3

## 현탁배양 단계를 사용한 유럽가문비나무의 체세포 배발생

### 실험기구

- 프로토콜 6.5의 실험기구
- 회전배양기(150 rpm 20–25℃)
- 삼각플라스크(250-ml)
- 알루미늄 포일 뚜껑(살균)
- 배양 튜브
- 미세한 나일론 mesh(살균)
- 9-cm 여과지(살균)
- 9-cm Petri dish
- 포화된 ammonium nitrate가 들어 있는 건조기(63% 상대습도)

### 실험재료 및 시약

- 프로토콜 6.5의 실험재료 및 시약
- maintenance medium: 0.5배 Litvay's medium에 다음 시약 첨가
    - 250 mg $l^{-1}$ L-glutamine
    - 500 mg $l^{-1}$ casein hydrolysate
    - 2 mg $l^{-1}$ 2,4-D
    - 1 mg $l^{-1}$ benzyladenine
    - 1% sucrose
- wash medium: 0.5배 Litvay's medium에 다음 시약 첨가
    - 250 mg $l^{-1}$ L-glutamine
    - 500 mg $l^{-1}$ casein hydrolysate
    - 3% sucrose
- development medium: 0.5배 Litvay's medium에 다음 시약 첨가
    - 250 mg $l^{-1}$ L-glutamine
    - 500 mg $l^{-1}$ casein hydrolysate
    - 3% sucrose
    - 7.5% PEG 4000
    - 4 μM ABA
    - 0.8% agar
- plantlet conversion medium: 0.5배 Litvay's medium에 다음 시약 첨가
    - 250 mg $l^{-1}$ L-glutamine
    - 500 mg $l^{-1}$ casein hydrolysate
    - 2% sucrose
    - 0.6% agar

- 프로토콜 6.5의 방법으로 준비된 나자식물 캘러스

## 프로토콜

1. 프로토콜 6.2에서 얻은 캘러스에서 흰색이고 투명한 배발생 조직을 선택한다.
2. 프로토콜 6.2에서와 같이 2-4주마다 2개에서 4개의 계대배양체를 신선한 plate에 계대배양을 한다.
3. 20-50 ml의 maintenance medium이 들어 있는 250-ml 삼각플라스크에 빠르게 생장하고 있는 배발생 캘러스를 옮긴다. 회전배양기에서 150 rpm으로 배양한다.
4. 세포가 자리를 잡고 사용하고 남은 배지를 버리고 매주 medium을 교체한다.
5. 4-6주 후, 상등액의 일부분 제거하고 50 ml의 신선한 maintenance medium을 넣는다.
6. 배발생 현탁액이 나타날 때까지 매주 접종하는 양을 줄인다(일반적으로 50 ml에서 10 ml까지). 여러 플라스크에 부피의 접종하는 양을 다르게 해서 검사하여 가장 배발생 활동이 큰 접종 양을 선택한다.
7. 미세한 나일론 mesh로 세포 현탁액을 거른다. 50 ml의 wash medium이 들어 있는 250-ml 삼각플라스크에 10 g의 거른 세포를 옮긴다.
8. 계속 흔들어주고 Petri dish의 development medium의 표면에 떠 있는 여과지 지지대(filter paper support)에 세포 현탁액을 피펫으로 첨가한다.
9. 2-4주마다 여과지를 신선한 development medium에 옮긴다. 6-8주 유지한다. 이 단계(자엽단계)에서 배가 발달할 것이다.
10. 배가 있는 여과지 지지대를 빈 Petri dish에 넣어 63% 상대습도가 유지되고 있는 건조기(실험기구 참조)에 2-4주 동안 둔다.
11. 건조 후, 배는 -20℃에 저장하거나 여과지 지지대가 있는 plantlet conversion medium으로 옮긴다. 1-2일 동안 낮은 조도를 유지하여야 한다.
12. 각 배를 선택하여 4-6주 동안 plantlet conversion medium이 들어 있는 배양 튜브에 놓는다.
13. 뿌리에 배지가 없도록 씻어 살균한 토양이 들어 있고 투명한 뚜껑이 있는 화분이나 쟁반에 심는다. 첫 주에는 높은 상대습도를 유지한다.

The Basics

Chapter 12

# 체세포영양계 변이

## 1. 서론

조직 절편, 미분화된 세포, 원형질체에서 완전한 식물체로 재발생시키는데 사용되는 배양 체제는 식물에 다양성을 제공한다. 이러한 사실은 대부분의 재발생된 식물은 본래 절편에서 획득한 식물의 유전자형과 표현형이 다르다는 것을 의미한다. Larkin and Scowcroft(1981)는 이 현상을 체세포영양계 변이(somaclonal variation)라고 명명하였다.

관찰된 변이의 기원과 발현은 조직 절편의 특수성과 마찬가지로 종마다 다르다.

## 2. 체세포영양계 변이의 기원과 기작

체세포영양계 변이(somaclonal variation)는 다음 두 가지로 분류할 수 있다.

(i) 유전적(전달되는) 변이성 - 돌연변이나 다른 DNA 변화에 의해 일어난다.

(ii) 후생적(전달되지 않는) 변이성 - 일시적인 표현형 변화에 의해 일어난다.

### 2.1 유전적 변이성

다양한 분자 기작은 체세포영양계 변이와 관련이 있는 유전적 변이성의 원인이 된다.

***배수성의 변화***

체세포영양계 변이는 염색체 수의 변화, 즉 이수성, 다수성, 혼수성 등에 기인한다. 배수성의 변화는 세포분열 동안에 일어나는 기형에서 유래한다. 예를 들면, 간기 동안에 여분의 염색체 복제, 방추사 융합 혹은 방추사 형성과 세포질 분열의 부재 등과 같은 기형이 일어난다.

식물세포가 생장하고 노화됨에 따라, 배수성 변화의 빈도는 증가한다. 그러므로 배양과 재발생하는 식물에서 관찰되는 배수성의 변화는 사용된 절편 조직의 기원에 따라 다를 수 있다.

배수성 변화에 의한 변이성의 또 다른 이유는 *in vitro* 배양 체계 자체이다. 세포를 오래 배양할수록 염색체 불안정성이 더 커진다. 게다가, 생장 배지의 조성은 배수성 변화를 유발할 수 있다. 예를 들면, kinetin과 2,4-D 모두 배수성 변화와 관계가 있고 영양 제한 상태에서 생장하는 배양은 기형이 발달할 수 있다. 그러므로 적절한 절편의 선택과 적당한 배양 배지는 배양의 염색체 안정도를 증가시킨다. 그러나 배양체에서 배수성의 높은 변이성이 항상 재발생하는 식물에서 체세포영양계 변이의 빈도를 높게 유도하지는 않는다. 이 이유는 혼합배양체에서 2배체 세포는 이수성이나 다수성 세포보다 재발생에 더 적합하기 때문이며 이는 2배체 세포가 좀 더 분열조직 형성이 될 가능성이 높기 때문이다.

## *nuclear DNA에서 구조적 변화*

nuclear DNA에서 구조적 변화는 체세포영양계 변이의 주요 원인중 하나이다. 이러한 변화는 염색체의 광범위한 지역을 변형시키고 동시에 1개 이상의 유전자에 영향을 줄 수 있다.

이러한 변이는 다음과 같은 중대한 구조적 재배열 등이 포함된다(그림 12.1)

- 결실 - 유전자의 소실
- 역위 - 유전자 순서의 변경
- 복제 - 유전자의 복제
- 전좌 - 염색체 일부가 다른 위치로 이동

전이인자(transposon)의 활성화는 체세포영양계 변이의 원인이 될 수 있다. transposon이나 transposable element는 이동성 DNA 조각인데, 이들은 암호화 지역에 삽입되어 유전자를 파괴한다.

nuclear DNA sequence의 큰 변화 이외에도, 암호화 지역에서 일어나는 단일 DNA nucleotide의 수준에서의 변화는 체세포영양계 변이를 유발할 수 있다. 예를 들면, 단일 nucleotide에서 염기의 교체나 염기의 변경된 메틸화에서 유래하는 점돌연변이는 유전자 비활성화를 유도한다.

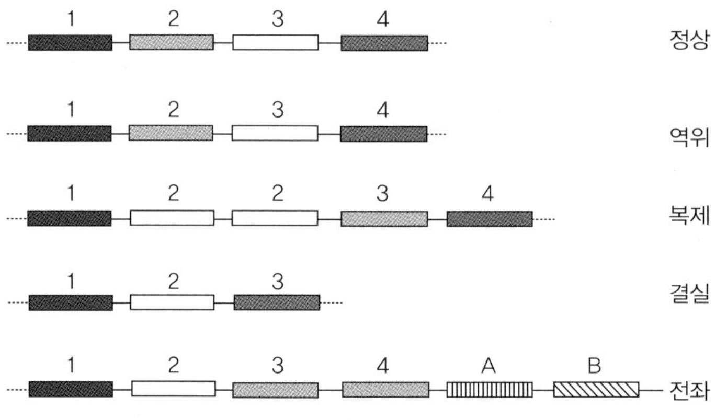


**그림 12.1**

**체세포영양계 변이를 일으킬 수 있는 DNA 변화의 패턴.**

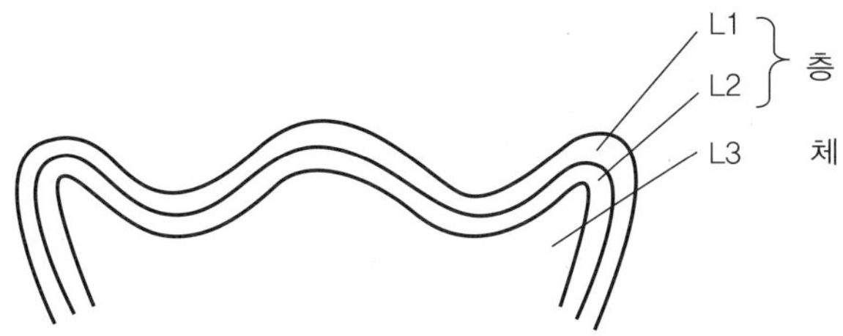


**그림 12.2**

**줄기정단분열조직에서 L1-L3층의 구조.** 분열조직은 횡단면이다. L1층은 표피, L2층은 아표피층, L3층은 내부조직을 나타낸다.

*조직층의 키메라 재배열(chimaeral rearrangement)*

대부분의 농업 작물은 주연키메라(periclinal chimaeras)인데, 즉 각 분열조직(예를 들면, 줄기 정단분열조직; 그림 12.2와 제2장 참조)의 동심원 세포층(LI, LII, LIII)의 유전적 조성이 다르다. 이 층은 신속한 세포 증식 동안에 재배열될 수 있다. 그러므로 재발생된 식물은 다른 키메라 조성을 포함하거나 혹은 전혀 키메라가 아닐 수 있다. 줄기 정단 형질전환 과정은 특히 키메라 유전형질전환을 일으키는 것 같다.

### 2.2 후생적 변이성

체세포영양계 변이를 일으키는 후생적 변화는 일시적이고 시간에 따라 가역적이다. 그러나 때때로 재발생된 식물의 생활사에 걸쳐 유지될 수 있다. 조직 배양에서 생산되는 식물에서 볼 수 있는 가장 일반적인 표현형은 회춘이다. 회춘은 조기 개화나 부정근 형성의 촉진 등과 같은 형태적 변화를 일으킨다. 후생적 변화는 DNA 메틸화, DNA 증폭 혹은 전이인자의 활성화에 의해 일어날 수 있다. DNA 메틸화는 이 과정에서 활성화되는 효소의 기질 친화도를 변화시키기 때문에 전사와 번역에 모두 중요하다. 조직배양 배지는 DNA 메틸화의 수준을 변화시킬 수 있어서 체세포영양계 변이의 중요한 원인의 하나이다.

## 3. 체세포영양계 변이의 중요성

식물의 형질전환, 재발생, 영양 증식을 위한 *in vitro* 과정은 완전히 끝나기 위하여 4주에서 몇 달이 걸리는 조직배양 과정을 포함한다. 배양 과정 중에 발생하고 축적된 체세포영양계 변이의 정도는 중요하고 통제하기 어려운 방해요소이다. 식물의 형질전환 과정에서 기본적인 *in vitro* 배양 과정의 돌연변이원 효과이외에도 DNA 전달과 선택 방법도 또한 부가적인 체세포영양계 변이를 유도할 수 있다.

광범위한 체세포영양계 변이는 번식 프로그램에서 선택 모계로서 혹은 품종으로 제한적으로 사용하는 재발생 식물의 유전적 배경에서 원하지 않는 변화를 일으킬 수 있다. 그러므로 조직배양을 통하여 식물의 형질 전환과 재발생을 유도하는 유전적 변이성을 평가하는 것은 매우 중요하다.

## 4. 재발생된 식물에서 체세포영양계 변이를 평가하는 방법

체세포영양계 변이를 평가하는데 세포학적이고 표현형적 분석을 사용하지만, 최근에 분자적 기법이 사용되는 빈도가 증가하고 있다.

### 4.1 Restriction fragment length polymorphism(RFLP)

RFLP는 체세포영양계 변이에 적용된 첫 번째 기술이고 여러 종에 광범위하게 사용되어 왔다. RFLP는 DNA 서열에서 변이를 검출하지만 알려진 서열에 혼성화가 일어나는 probe를 사용하는 기술이다.

현재 여러 개의 PCR 기술에 기초를 둔 증폭 기술이 개발되어 이전의 서열 정보가 필요하지 않게 되었다.

### 4.2 Random amplified polymorphic DNA-PCR(RAPD-PCR)

RAPD-PCR 혹은 arbitrarily PCR(AP-PCR)(Williams *et al.*, 1990)은 여러 종에서 체세포영양계 변이를 검출하는 데 유용하다고 증명된 기술이다(예, Saker *et al.*, 2000). RAPD-PCR은 복잡성 때문에 진핵세포의 nuclear DNA는 단일 10개 nucleotide와 상보적인 쌍으로 되고 정확한 방향을 가지고 있는 임의의 조각이 PCR 증폭을 할 만하게 서로 가깝게 있다는 전제를 기본으로 한다(그림 12.3). RADP-PCR은 DNA 합성을 개시하기 위하여 임의의 nucleotide 서열의 단일 primer를 사용한다. DNA 조각은 젤 전기영동법(gel electrophoresis)으로 분리하고 DNA 변이는 각 식물에서 나타난 DNA band의 패턴으로 검출한다.

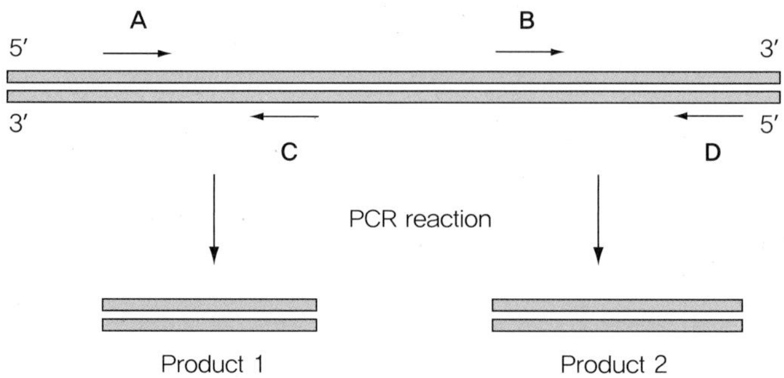


**그림 12.3**

**RAPD의 원리를 설명하는 그림.** Product 1은 임의의 primer로 생성되었고, Product 2는 primer B와 primer D에 의해 생성되었다. PCR 반응에서 생성된 Product는 전기영동으로 분리하여 패턴을 분석하였다.

## 4.3 Amplified fragment length polymorphism(AFLP)

최근에 AFLP라고 알려진 또 다른 PCR 기반 기술(Vos *et al.*, 1995)이 체세포영양계 변이를 연구하기 위하여 사용되었다(Polanco and Ruiz, 2002). AFLP는 genomic DNA의 제한효소 분해에서 유래한 조각의 선택적 PCR 증폭에 기초를 둔 DNA-fingerprinting 과정이다.

AFLP 분석은 다음 단계로 구성되어 있다(그림 12.4)

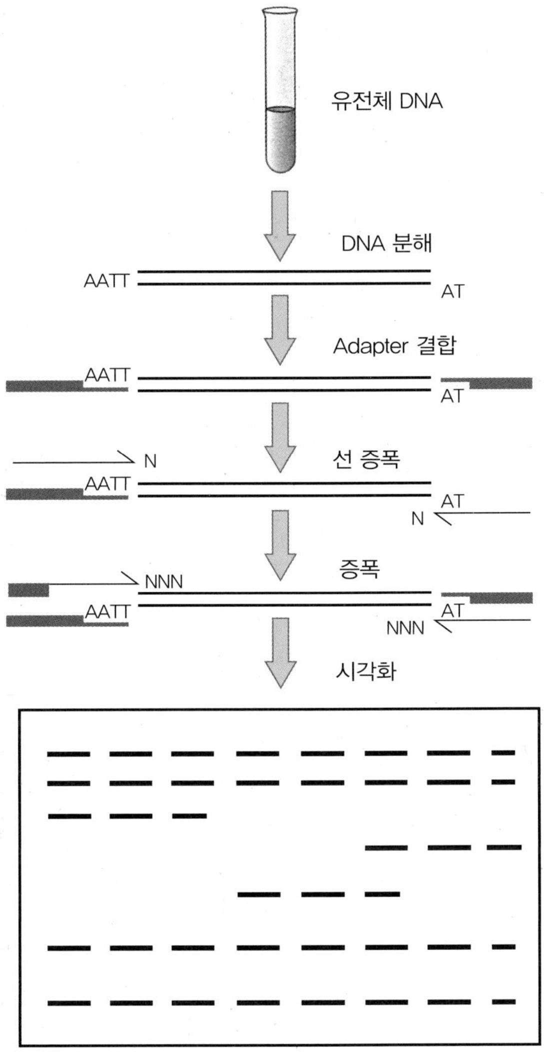


**그림 12.4**

**AFLP의 원리를 설명하는 그림.**

- 유전체 DNA(genomic DNA)는 2개의 제한 효소로 분해되는데, 한 효소, 즉 *Mse*l(4-bp recognition sequence)과 같은 효소는 절단 빈도가 높고, 다른 효소, 즉 *Eco*R1(6-bp recognition sequence)은 절단 빈도가 낮다.
- 잘라진 조각은 중심 서열과 *Eco*R1이나 *Mse*1 지역에 특수한 서열로 구성된 이중가닥인 adapter molecule과 결합한다.
- primer를 이용한 PCR에 의한 전선택 증폭(pre-selective amplification)은 중심서열, 효소특수서열 3′ 말단에 단일 염기 확장을 포함하도록 설계하였다. 일차 생성물은 *Mse*1 절단을 포함하는 절편과 *Eco*R1 절단을 포함하는 절편, 그리고 내부 nucleotide와 일치하는 절편이다. 이 증폭 단계는 복잡성을 16배 감소시킨다.
- 선택적인 PCR 증폭은 전선택 단계 동안에 주형과 동일한 primer로서 전선택 증폭 생산물을 사용하지만, 3′ 말단에 2개의 부가적인 nucleotide를 포함한다. primer는 방사선 동위원소나 형광물질로 표지한다. 3 위치에서 일치하는 nucleotide(50–200)를 가지는 절편만이 증폭될 것이다. 이 단계는 복잡성을 250배 감소시킨다.
- 젤 전기영동법의 분리는 적절한 소프트웨어의 도움으로 분석된 표지된 절편의 양상(fingerprint)을 나타낸다.

위에서 설명한 분자수준의 분석은 표현형 분석보다 빠르고 더 정확하다. 그러나 RAPD와 AFLP 기술은 몇몇 연구에서는 일치하지 않는다고 알려졌다.

## 5. 작물의 품질 향상을 위한 기술로서의 체세포영양계 변이

세포배양 체제가 재발생된 식물에서 체세포영양계 변이의 원천이라는 인식은 돌연변이 유발로서 세포배양의 이용과 가치가 있는 형질을 가진 유전적 변종의 직접적인 선택을 이끌어 왔다. 그러한 선택적 전략은 추위, 가뭄, 염도, 독성 이온과 같은 환경 요인에 내성을 가졌거나 병원체에 저항성을 가진 변종을 획득하는 효과적인 방법으로 간주하였다. 비록 체세포영양계 변이가 유용한 농업 형질을 가진 식물을 생산한다고 해도, 변이는 일반적으로 불안정하고 예측이 불가능하며 해로울 수 있기 때문에 변이의 근원으로 체세포영양계 변이를 연구하는 것은 어렵다. 이 기술은 한때 기대했던 것과 같이 식물 품질 향상을 위한 유전적 변이의 원천으로서 유용하다고 증명되지는 않았다.

### 더 읽어보기

**Skirvin, R.M., Coyner, M., Norton, M.A., Motoike, S. and Gorvin, D.** (2000) *AgBiotecNet*. Vol 2, ABN 048.

### 참고문헌

**Larkin, P.J. and Scowcroft, W.R.** (1981) Somaclonal variation - a novel source of variability from cell cultures. *Theor. App. Genet.* **67:** 197-201.

**Polanco, C. and Ruiz, M.L.** (2002) AFLP analysis of somaclonal variation in *Arabidopsis thaliana* regenerated plants. *Plant Sci.* **162:** 817-824.

**Saker, M.M., Beckheet, S.A., Taha, H.S. Fahmy, A.S. and Moursy, H.A.** (2000) Detection of somaclonal variations in tissue culture-derived date palm plants using isoenzyme analysis and RAPD fingerprints. *Biol. Plant.* **43:** 347-351.

**Vos, P., Hogers, R. Blecker M., Van de Lee, T., Hornes, M., Frijters, A., Pot, J., Peleman, J. Kuiper, M. and Zabeau, M.** (1995) AFLP: A new techniques for DNA fingerprinting. *Nucleic Acids Res.* **23:** 34407-4414.

**Williams, J.G.K., Kubelik, A.R., Livak, K.J., Rafalski, J.A. and Tingey, S.V.** (1990) DNA polymorphisms amplified by arbitrary primers as useful genetic markers. *Nucleic Acids Res.* **18:** 6231-6235.

The Basics

Chapter 13

# 식물세포배양 실험실에서 박테리아의 배양

## 1. 서론

형질전환 식물의 생산은 DNA를 확인하고, 분리하고, 복제하며 식물 유전체로 삽입하는 방법이 필요하다. 이 모든 단계는 박테리아를 사용하고 박테리아 배양(특히, *E.coli*와 *Agrobacterium tumefaciens*)은 식물 형질전환을 시행하는 식물조직배양 실험실에서 일상적으로 하는 일이다. 그래서 박테리아 배양에 필요한 기술은 식물세포배양 기술과 다르지만, 이 장에서 기본적인 설명을 하고자 한다.

외래 유전체에 유전자를 도입하기 위하여 벡터(박테리아나 바이러스)가 필요하다. 식물 형질전환을 위해 일반적으로 사용하는 벡터 시스템은 *A. tumefaciens*의 종양-유발 플라스미드를 기본으로 한다. 형질전환 벡터의 타입은 4장에서 자세히 설명하고 있다. 형질전환 벡터를 삽입하기 전에, 분리된 유전자는 실험실에서 쉽게 다룰 수 있는 *E. coli* 같은 박테리아에서 증식되는 박테리아 플라스미드인 클로닝 벡터로 통합해야 한다. *E. coli*와 *A. tumefaciens*는 환경에 대한 위험을 최소화하는 변형된 균주를 사용한다. Calcium chloride로 처리한 *E. coli*는 배양 배지에서 플라스미드를 흡수하여 복제한다. 지수기까지 키워 calcium chloride에 배양하고 필요할 때 플라스미드를 흡수할 수 있는 수용세포(competent cell)가 되도록 잠시 얼린다(**프로토콜** 13.1). DNA 조각은 또 박테리아를 변형시키는 데 사용될 수 있는 박테리오파지 λ로 포장될 수 있다.

*Agrobacterium rhizogenes*는 또한 식물 세포배양을 위한 형질전환 시스템으로 사용되는데, 주로 뿌리털이 많은 뿌리인 '털뿌리'를 생산하는 데 사용된다. 털뿌리는 죽지 않고 대량으로 생산되고 급격하게 자라는 뿌리 배양체이기 때문에 조직 배양에 사용되어 왔다(10장). 그러므로 *A. rhizogenes*의 배양 기술은 *E. coli*와 *A. tumefaciens*의 기술을 포함한다.

## 2. 박테리아 배양을 위한 시설

박테리아를 성공적으로 배양하기 위하여, 마주 보는 문이 없는 실험실에 clean bench를 설치할 것을 권장한다. Bunsen burner는 살균 도구로 사용하는데 배양액을 옮기기 전에 시험관 입구에 불꽃 살균을 하기도 한다. 또한, 살균 작업을 할 수 있는 순환 지역을 제공하기도 한다. 도말용 유리막대(glass spreader)는 70% 에탄올에 담가두어야 하고 살균을 위하여 모든 알코올이 탈 때까지 Bunsen 불꽃에 두어야 한다. 도말용 유리막대를 잡을 때, 막대의 머리 부분은 손보다 아래에 있어야 하는 것이 중요한데, 그래야 타고 있는 알코올이 실험자에게 오지 않는다. 접종고리(wire loop)를 살균하기 위하여 붉게 뜨거워질 때까지 열을 가해야 한다. 도말용 유리막대와는 반대로, 고리의 머리 부분은 실험자의 손이 데지 않도록 손 위치보다 위로 잡는다. 액체 배양을 접종하기 위하여 접종고리를 사용하는 대신 자동 피펫과 살균된 tip을 사용할 수 있다. 고압증기 살균용 봉지가 들어 있는 작은 용기는 tip을 버리는 데 사용할 수 있다. 접종고리와 도말용 유리막대는 사용 후 즉시 Bunsen burner로 살균해야 한다.

박테리아를 배양하기 위하여 plate용 배양기와 액체 배양용 orbital shaker 모두 *Agrobacteria*를 위해서는 28°C, *E. coli*를 위해서는 37°C로 설정할 필요가 있다. 박테리아의 배양을 늘리기 위하여, 2-L 삼각플라스크를 수용할 수 있는 orbital shaker가 필요하다. 최근에 나온 대부분의 platform shaker는 받침대(rack)와 조임쇠(clamp)를 제공하여 다양한 크기와 모양의 용기를 사용할 수 있다. 박테리아 배양은 조명이 있는 생장 설비가 필요하지 않다. 고체 오염 폐기물을 다루기 위하여 고압증기 살균을 할 수 있는 금속 통이 실험대에 있어야 한다. 고압증기 살균을 할 수 있는 플라스틱 용기도 사용할 수 있다. 두 용기 모두 사용하기 전에 고압증기 살균용 봉지를 넣어야 한다. 액체 오염 폐기물을 위하여 hypochlorite 용액이나 Virkon™과 같은 살균제가 들어 있는 통을 실험대 안이나 밖의 가까운 곳에 두어야 한다. 매일 용액을 교체해야 한다. 분말로 된 Virkon™과 종이 타월은 액체를 흘렸을 경우에 대비하여 가까이 두어야 한다. 배지와 실험기구를 살균하고 오염물질을 처리하기 위하여 고압증기 살균기를 이용해야 하지만 배양 시설 안에 두지 않는다.

박테리아 배양을 위하여 필요한 다른 일반적인 기구로는 pH meter, 초순수 증류수, 자석교반기, 저울, vortex mixer, 분광광도계용 cuvette(가시 파장용 유리 혹은 플라스틱 cuvette과 UV용 석영 cuvette)이 필요하다. 물과 알코올에 지워지지 않는 펜과 장갑도 필수적이다. 전자레인지는 agar를 녹이는데 사용하며, 45°C가 유지되는 항온수조는 사용하기 전까지 녹인 agar를 보관하는데 사용한다. 그러나 전자레인지에 밀봉된 용기를 놓고 절대로 작동하지 말아야 한다. 심지어 가볍게 뚜껑을 닫은 용기도 폭발할 수 있다.

## 더 읽어보기

**Jones, P.G. and Sutton, J.M.** (1997) *Plant Molecular Biology: Essential Techniques.* John Wiley, Chichester

# 프로토콜 13.1

## Luria broth(LB)로 *E. coli* 배양하기

### 실험기구

- 박테리아용 접종고리
- Bunsen burner
- 37℃로 설정된 진탕배양기
- 600 nm로 설정된 분광광도계
- 타이머
- 살균한 유리병과 뚜껑
- 살균한 솜으로 막은 250-ml 삼각플라스크

### 실험재료 및 시약

- 실험대를 닦기 위한 70% 알코올
- 살균한 Luria broth; pH 7.0
  - 10 g $l^{-1}$ tryptone
  - 5 g $l^{-1}$ yeast extract
  - 10 g $l^{-1}$ NaCl
  - 10 g $l^{-1}$ D-glucose
- 사용하기 24시간 전에 선택한 *E. coli* 균주를 획선으로 접종한 LB agar(1%) plate

### 프로토콜

1. Bunsen burner 불꽃으로 접종고리가 붉게 될 때까지 열을 가하여 살균한다. 차게 식힌다.
2. 접종고리로 신선한 *E. coli* 균주에서 1개 콜로니를 취하여 10 ml의 LB에 접종하고 150 rpm으로 진탕배양기에서 37℃에서 하룻밤 동안 키운다.
3. 다음 날 아침에, 하룻밤 동안 배양한 배양액 500 μl를 50 ml의 LB에 접종하고 600 nm에서 흡광도가 0.1이 되도록 90분 동안 키운다. 이때가 초기 대수생장기(logarithmic growth)이며 형질전환이나 다른 실험에 사용할 수 있다.

# 프로토콜 13.2

## Calcium chloride를 매개로 한 *E. coli*의 형질전환

### 실험기구

- 실험대용 원심분리기와 원심분리용 튜브
- 도말용 유리막대
- 유리병과 200-ml 플라스크
- 얼음
- 타이머
- 자동 피펫과 tip
- 37℃로 설정된 진탕배양기
- 분광광도계(spectrophotometer)
- 42℃로 설정된 항온수조

### 실험재료 및 시약

- 플라스미드로 형질전환된 *E. coli*를 선별할 수 있는 항생제
- 100 mM $CaCl_2$
- 50 mM $CaCl_2$
- *E. coli* 균주(높은 빈도의 형질전환에 적합한 균주; 예를 들면 DH5α)
- 에탄올
- LB
- 1% agar가 첨가된 LB
- 플라스미드 DNA
- Tris-EDTA buffer(TE): 10 mM Tris-HCl, pH 7.5, 1 mM EDTA

### 프로토콜

1. 신선한 *E. coli* 균주에서 1개 콜로니를 취하여 10 ml의 LB로 접종하고 150 rpm으로 진탕배양기에서 37℃에서 하룻밤 동안 키운다.
2. 하룻밤 동안 배양한 배양액 500 μl를 50 ml의 LB에 접종하고 600 nm에서 흡광도가 0.1이 되도록 90분 동안 키운다.
3. 차게 식힌 원심분리기에서 10분간 4000 ***g***로 세포를 원심분리를 한다.

4. 상등액을 따르고 얼음으로 차게 한 15 ml의 100 mM $CaCl_2$로 침전물을 다시 부유시킨다. 세포를 30분간 얼음에 둔다. *E. coli*는 4℃ 이상에서 배양하거나 부드럽게 다루지 않으면 DNA를 받아들이는 기능(competence)이 급격하게 소실된다.
5. 차게 식힌 실험대용 원심분리기로 최대 속도로 원심분리를 하여 상등액을 따라 버리고 얼음으로 차게 한 2 ml의 50 mM $CaCl_2$로 부드럽게 다시 부유시킨다.(이 단계에서, 세포는 DNA를 받아들이는 기능이 생긴다. 이 세포는 액체질소로 순간 냉동하여 3개월까지 저장할 수 있으며 혹은 최소 2시간을 얼음에 둔 후 다음 실험 단계로 형질전환을 할 수 있다.)
6. 100 μl 플라스미드 DNA를 수용세포의 200 μl에 첨가하고 얼음에서 30분간 배양한다.
7. 세포를 42℃ 항온수조에 2분간 두어 열충격을 준다. 열충격 후 얼음에 5분간 두어 회복시킨다.
8. 세포를 유리 배양병에 옮긴다. LB 1 ml를 첨가하고 37℃에서 진탕배양기로 1시간 동안 배양한다.
9. 형질전환된 *E. coli*를 선별하기 위하여 적절한 항생제가 첨가된 LB agar plate를 준비한다.
10. 형질전환된 세포 50 μl를 선별한 plate에 옮긴 후 불꽃 살균한 도말용 유리막대로 부드럽게 퍼지게 한다.
11. plate를 37℃에서 하룻밤 동안이나 혹은 콜로니가 보일 때까지 배양한다.
12. 단일 콜로니를 선택하여 기본적인 분자생물학적 기술을 이용하여 플라스미드가 있는지 확인한다.

# 프로토콜 13.3

Calcium chloride를 매개로 한 *Agrobacterium*의 형질전환

## 실험기구

- 실험대용 원심분리기와 원심분리용 튜브
- −70℃ 냉동고
- 얼음
- 자동피펫과 살균한 tip
- 28℃로 설정된 진탕배양기
- 분광광도계
- 37℃로 설정된 항온수조
- 살균하여 얼린 튜브

## 실험재료 및 시약

- 선정된 *Agrobacterium* 균주
- binary construct를 선별할 수 있는 항생제
- 20% v/v glycerol
- 액체질소
- TE medium: 10 mM Tris-HCl, pH 8.0, 1 mM EDTA
- TY medium: 0.5% tryptone, 0.3% yeast extract, 0.13% $CaCl_2$, pH 7.0
- TY agar: TY medium에 1% agar를 첨가
- 벡터 DNA(binary construct에서 유래한)

## 프로토콜

1. *Agrobacterium*의 단일 콜로니를 10 ml의 TY medium에 접종하고 하룻밤 동안 28℃에서 진탕배양기로 배양한다.
2. 200 μl 배양액을 200 ml의 TY medium에 접종하고 배양액이 600 nm에서 흡광도가 0.4가 될 때까지(8-12시간) 진탕배양을 한다.
3. 차게 식힌 원심분리기에서 10분간 4000 ***g***로 세포를 원심분리를 한다. 상등액은 따라 버리고 침전물을 씻기 위하여 20 ml TE로 다시 부유시킨다.
4. 원심분리 단계를 반복하고 얼음으로 차게 한 20 ml의 TY medium으로 다시 부유시킨다.

5. 포를 500-μl 나누어 1.5-ml 얼린 튜브에 넣고 즉시 액체질소로 얼린다. 액체질소를 사용할 때 조심한다. 이 단계에서 수용세포는 -70℃ 냉동고에서 얼려서 3개월간 저장할 수 있으며, 혹은 얼음에서 해동시킨 후 다음과 같이 형질전환을 시킬 수 있다.
6. 해동시킨 후 부피가 50 μl가 넘지 않도록 하여 약 1 μg의 binary construct DNA를 첨가한다.
7. 세포를 5분간 얼음에 둔다.
8. 튜브를 5분간 액체질소로 옮기고 37℃ 항온수조에 5분간 담가둔다.
9. 1 ml의 TY medium을 넣고 배양액을 28℃에서 4시간 동안 진탕배양을 한다.
10. binary construct의 선별을 위한 항생제가 들어 있는 TY plate에 형질전환된 세포를 놓는다. 28℃에서 24-48시간 동안 배양한다.
11. 단일 콜로니를 골라 새로운 plate에 다시 획선으로 접종한다.
12. plate에서 다시 부유시킨 박테리아의 균주는 20% glycerol에 넣고 -70℃에서 저장한다.

# 프로토콜 13.4

YEB 배양배지에서 *Agrobacterium tumefaciens*의 배양

## 실험기구

- 28°C로 설정된 배양기
- 28°C로 설정된 진탕배양기
- 박테리아용 접종고리
- 실험대용 원심분리기와 원심분리용 튜브

## 실험재료 및 시약(모두 살균함)

- YEB: 살균한 10-ml의 분액
  - 1 g $l^{-1}$ yeast extract
  - 5 g $l^{-1}$ beef extract
  - 5 g $l^{-1}$ peptone
  - 5 g $l^{-1}$ sucrose
  - 0.5 g $l^{-1}$ $MgSO_4 \cdot 7H_2O$
  - pH 7.0
- YEB: 살균한 50-ml를 넣고 솜으로 밀봉한 250-ml 삼각플라스크
- YEB agar plate
- 항생제

## 프로토콜

1. 균주와 construct resistance에 적절한 항생제가 첨가된 YMA 액체 배지의 10-ml에 신선한 plate에서 얻은 *A. tumefaciens* 균주의 단일 콜로니를 접종한다.
2. 회전식 진탕기(rotary shaker)에서 130 rpm으로 28°C에서 하룻밤 동안 배양한다.
3. 다음 날 아침에, 하룻밤 동안 배양한 배양액 500 μl를 항생제가 없는 50 ml의 신선한 YEB에 접종한다.
4. 배양액이 대수기 후반에 도달할 때까지 130 rpm으로 28°C에서 하룻밤 동안 배양한다. 600 nm에서 흡광도가 0.8 정도 되어야 한다.
5. 이 배양액은 10분 동안 5000 ***g***로 원심분리를 하고 적절한 식물배양배지로 씻고, 흡광도가 2.0이 되도록 다시 부유시켜 잎 조각의 형질전환에 사용한다.
6. *A. tumefaciens*는 항생제인 carbenicillin과 복합 항생제인 timentin(clavulanic acid/ticarcillin, Melford Laboratories)에 민감하다.

# 프로토콜 13.5

YMA 배양배지에서 *Agrobacterium rhizogenes*의 배양

## 실험기구

- 28℃로 설정된 배양기
- 살균한 주사바늘

## 실험재료 및 시약

- YMA 영양배지(broth)와 1% agar plate
  - 2 g $l^{-1}$ $MgSO_4 \cdot 7H_2O$
  - 0.1 g $l^{-1}$ NaCl
  - 0.4 g $l^{-1}$ yeast extract
  - 0.5 g $l^{-1}$ $K_2HPO_4$
  - 10 g $l^{-1}$ mannitol
  - pH 7.0
- 항생제
- 식물조직

## 프로토콜

1. 선별한 *Agrobacterium* 균주를 적절한 항생제가 들어간 신선한 YMA plate에 접종하고 28℃에서 하룻밤 동안 배양한다.
2. 식물조직을 형질전환을 할 때, 살균한 주사 바늘 끝을 *A. rhizogenes*의 배양에 담근 후, 2-3-mm 간격으로 살균한 식물조직을 찌른다.
3. 감염된 식물조직은 적절한 조건에서 배양하여야 한다. 털뿌리는 14일 이내에 나타난다.
4. *A. rhizogenes*는 항생제 Cefotaxime에 민감하다.

The Basics

*Chapter 14*

# 식물세포 배양의 산업적 이용

## 1. 서론

고부가 가치 화합물의 생산을 위한 식물세포 배양의 잠재력은 1950년대에 처음 인식되었고 1970년대와 1980년대에 집중적인 연구가 이루어졌다. 최근 연구의 경향은 고부가 가치 화합물을 생산하기 위하여 형질전환 작물을 조작하여 생산하는데 초점을 맞추고 있다. 산업용 식물의 높은 비용, 감염에 대한 취약성, 태양 에너지의 직접적인 사용을 피할 수 있는 가능성 등은 이러한 작물에 더 관심을 가지게 하였다. 그러나 생체 내 변화(biotransformation)를 위한 식물세포의 사용과 더불어 고부가 가치 화합물의 산업적인 생산에 대한 관심은 여전히 남아 있다. 이 장에서 식물세포를 이용한 산업적인 생산의 몇 가지 예와 더불어 산업적 규모에서 식물세포의 이용을 소개할 것이다.

## 2. 배양에 있어 식물세포

배양 중인 식물세포는 대규모 세포 배양 시스템을 특별히 어렵게 하는 여러 특징이 있다. 표 14.1에서 식물세포와 미생물세포의 주요 특징을 비교하였다. 식물세포는 미생물세포보다 크고 따라서 물리적인 손상에 더 민감하다. 또한, 삼투 효과에 더 민감하다. 식물세포 배양체는 미생물 배양체보다 5-10배 정도 느리게 생장한다. 생장률이 느리고, 필요한 고부가 가치 산물은 생장기가 아닌 노화기에 주로 생산되기 때문에 수확량이 적다. 이 사실은 두 단계 생산 과정이 개발되어야 한다는 것을 의미한다. 즉 첫 번째 단계는 생장이 일어나고, 두 번째 단계는 산물이 생산되어야 한다. 흔히 유용한 산물은 배지에 분비되기 보다는 액포에 축적된다. 산물을 추출하기 위하여 세포를 수확하여야 하는데, 따라서 비용이 많이 들고, 발달 중인 배양체를 계속 배양하지 못한다. 결국 배양하고 있는 식물세포를 유지하는 데 필요한 복잡한 배지에 대한 비용도 높을 뿐 만 아니라 대규모의 두 단계 살균 과정 공장을 설립하는 어려움도 있다.

식물에서 유래한 고부가 가치 산물은 일반적으로 대사의 주요 경로의 부분에서 생산되지 않는 2차 산물이다(표 14.2). 그렇기 때문에 2차 산물은 생활사의 거의 마지막 단계의 세포 유형에서 유도되고 다효소 경로에 의해 생산되는 복잡한 화합물이다. 이러한 경로를 유전적으로 조작하는 것은 어려우며 세포배양에서 최종 분화의 특징을 나타내는 경로를 개시하는 것도 어렵다. 대부분 2차 산물은 고도로 분화된 세포 유형에서 대량으로 생산된다. 이러한 세포의 분화를 개시하는 조건을 반복하는 것이 기술적으로 매

표 14.1 배양시 식물세포와 미생물의 주요 특징

| 특징 | 미생물 | 식물세포 |
|---|---|---|
| 크기 | 2 μm | 〉10 μm (종종 세포의 콜로니화) |
| 배가시간 | 시간 | 일 |
| 배양주기의 길이 | 일 | 주 |
| 전단 변형력 | 민감하지 않음 | 민감함 |
| 분비되는 생산물? | 예 - 배지에 분비 | 아니오 - 액포에 분비 |
| 생장 중에 생산? | 예 | 아니오, 종종 노화시기에 생산 |

표 14.2 몇몇 중요한 식물의 이차대사산물

| 화합물 | 생합성 | 예 | 종 |
|---|---|---|---|
| Terpenoids, isoprenoids | Mevalonic acid pathway from acetyl CoA | Sterol와 Steroid derivatives | |
| | | Cardiac glycosides like digoxin and digitoxin | *Digitalis purpurea* |
| | | Plant hormones | |
| | | Latex | *Hevea brasilensis* |
| | | Flavours (menthol) | *Mentha palustris* |
| | | Paclitaxel (항암제) | *Taxus brevifolia* |
| Phenolics | Shikimic acid pathway | Tannins (flavours) | 다수 |
| | | Flavonoids (anthocyanins) | |
| Alkaloids | 다양한 기원 | Caffeine, nicotine | *Coffea arabica* |
| | | | *Nicotiana tabacum* |
| | | Morphine, codeine | *Papaver somniferum* |
| | | Atropine | *Atropa belladonna* |
| | | Vinblastine, vincristine | *Catharanthus roseus* |

우 필요하다. 배양한 식물세포는 종종 온전한 식물과 비교하여 2차 산물의 생산율이 낮으며 이것은 직접적으로 충분히 분화된 물질을 얻는 문제와 관계가 있다. 그러나 세포배양에서 매우 높은 수확의 예가 있다(표 14.3; Misawa, 1994). 항미생물 염료인 shikonin과 berberine과 약물 성분인 ginsenoside와 같은 몇몇 물질은 현재 식물세포배양을 통하여 산업적으로 생산되고 있으며 이에 대하여 중요한 항암물질인 paclitaxel을 생산하는 과정과 함께 자세히 설명할 것이다.

## 3. 대규모 식물배양을 위한 기구

대부분의 경우, 식물현탁배양은 회전배양기의 삼각플라스크에서 자란 배양체를 사용하여 연구한다(7장). 액체의 표면적과 부피의 높은 비율로 교반에 의하여 충분한 통기가 유지되어야 한다. 교반에 의해 세포가 또한 응집되거나 침전되지 않도록 한다. 큰 부피의 배지를 교반하고 통기하는 것은 특히 식물세포와 같이 물리적인 힘과 급격한 압력

표 14.3 식물세포 배양체에서 높은 생산율로 생산되는 몇몇 2차 산물

| 화합물 | 종 | 생산율 (% 건량) | |
|---|---|---|---|
| | | 배양체 | 식물 |
| Shikonin | *Lithospermum erythrorhizon* | 20 | 1.5 |
| Ginsenoside | *Panax ginseng* | 27 | 4.5 |
| Berberine | *Coptis japonica* 혹은 | 10 | 2-4 |
| | *Thalictrum minor* | | 0.01 |
| Rosmarinic acid | *Coleus blumei* | 15 | 3 |
| Anthraquinones | *Galium verum* | 5.4 | 1.2 |
| Nicotine | *Nicotiana tabacum* | 3.4 | 2.0 |

From Misawara (1994)

변화에 의해 쉽게 손상을 받는 세포에서는 더 어려운 일이다. 또한, 어떤 기구도 오염된 생물체의 유입을 막아야 한다.

산업적 규모의 식물배양을 위하여 여러 디자인의 배양용기가 고안되었다(그림 14.1). 용기에는 교반을 위한 도구가 있어야 하는데, 이를 위하여 용기 바닥에 판(paddle)이 있어 용기 안에 있는 공기를 들어 올리기도 하고 혹은 용기 전체가 회전하기도 한다. 또한 온도 조절이 되어야 하고 세포를 넣고 제거하는 입구가 있어야 하고, 온도와 pH를 감시하는 탐침이 있어야 한다. 공기 입구와 다른 입구는 무균 상태를 유지하기 위하여 micro-pore filter 시스템이 있어야 한다. 식물세포배양 적용을 위한 산업적 용기는 발효기와 같이 여러 학자들이 설명을 하였다. 식물세포배양을 위해 필요한 호기성 조건과

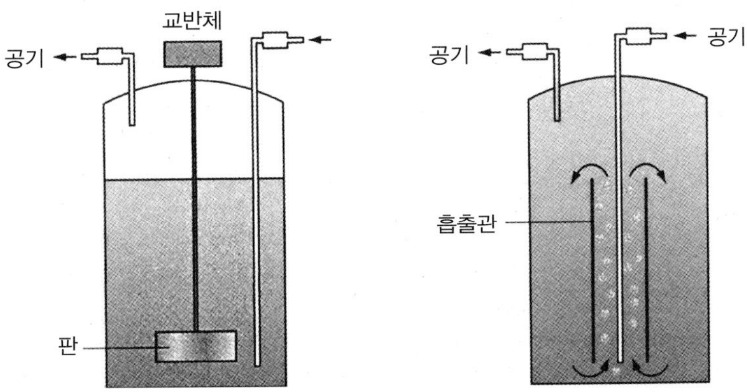


**그림 14.1**

**산업적 규모의 두 가지 유형의 배양용기.** (a) 전기로 돌리는 판으로 교반시키며 걸러진 공기를 공급하여 통기를 한다. (b) 통기와 교반 모두 흡출관이라고 하는 중앙에 있는 유리 파이프를 통하여 일어나며 배지의 회전은 화살표로 표시하였다.

효모 발효를 위한 조건을 구분하는 것이 필요하며 그래서 다른 이름인 '생물반응장치(bioreactor)'와 '배양용기(culture vessel)'라고 부른다.

## 4. 배양세포를 이용한 산업적 규모 생산의 예

### 4.1 Shikonin

항미생물 활성이 있는 진한 붉은 자주색 색소인 shikonin은 일본에서 1974년 Tabata *et al*에 의해 처음 성공적으로 세포배양으로 생산되었다. 이들은 처음에 *Lithospermum tinctoria*(shikonin의 천연 소스)을 암소에서 $10^{-6}$ M kinetin과 $10^{-6}$ M 2,4-D를 첨가한 Linsmaier and Skoog(LS) 배지에서 3달 동안 캘러스를 배양한 뒤, IAA가 있는 신선한 배지로 옮겼다. 이 시스템은 Fujita *et al*(1985)에 의해 생산성이 매우 높은 두 단계 배양 과정으로 발전되었다. 배지의 주요 성분은 MG-5와 MG-6인 두 가지의 새로운 배지를 개발하여 해결하였다. 세포벽을 분해하여 원형질체를 획득하고(8장) 고수확 세포를 선별하기 위하여 형광활성세포분류기(8장 참조)를 사용하여 고수확 세포주가 선별되었다. 이 과정을 Mitsui petrochemical process라고 부르며, 세포는 복합 배지인 MG-5에서 먼저 배양하고, 2차 배양 용기에서 염료를 생산하기 위하여 2차 배지인 MG-6로 옮긴다. 최상의 염료 수확은 고밀도 세포가 확립되면 최종 생산율이 4 g $l^{-1}$ 이상 된다(Papageorgiou *et al*., 1999). 이 과정은 일반적으로 상업용으로 사용하고 있다.

### 4.2 인삼

인삼은 고대부터 약용식물로 사용되어왔다. 인삼 뿌리는 수많은 saponin과 sapogenins을 포함하고 있는데, 이 화합물은 ginsenoside를 포함하고 있으며 진정제와 같은 생물 활성이 있다(Misawa, 1994). 전 세계적으로 인삼에 대한 요구가 많으며 뿌리에 활성 성분이 축적되기 위하여 4-7년이 소요된다. 일본에서, Nitto Denko Corporation은 약제와 영양제로 사용하기 위하여 *Panax ginseng*의 산업적 규모의 현탁배양을 통하여 하루에 700 mg $l^{-1}$를 생산하고 있다.

### 4.3 Paclitaxel

Paclitaxel은 Bristol-Myers Squibb에서 강력한 항암제로 생산하는 Taxol의 활성 성분의 일반적인 이름이다. Taxol은 diterpine amide로서 미세소관을 안정화시켜 탈중합을 억제하여 세포 증식을 억제한다. Taxol은 자궁암, 유방암, 소세포폐암과 같이 광범위한 암의 치료에 사용되고 있다.

Taxol은 서양 주목나무(pacific yew)인 *Taxus brevifolia*의 수피에서 처음 분리되었다. 한 환자를 치료하기 위하여 100년 된 나무 3그루가 필요하기 때문에 다른 소스가 필요하였다. Paclitaxel의 유기 합성이 경제적은 아니었지만 paclitaxel의 준합성(semi-synthetic) 형태가 히말라야 주목나무인 *Taxus bacatta*인 다른 주목과에 속하는 다른 나무의 바늘잎이나 가지에서 추출되어 재생 가능한 다른 소스를 제공하였다. Paclitaxel의 이 형태는 서양주목나무의 수피에서 얻은 약물을 대체하고 있다. 그러나 Bristol-Myers Squibb은 세포배양 기술을 발전시키기 위하여 식물조직배양에 전문적인 회사인 Phyton 사와 연구를 하였다. Phyton 사는 *Taxus* family의 모든 종류의 세포주를 수집하고 검사하여 수확을 최대화할 수 있는 유전적인 조합과 과정을 변형시켜 사용하였다. 대규모 배양 시스템이 우수제조관리기준에 따라 운영되어 제품을 안정적으로 공급하였다(Venkat, 1997). 또 다른 연구 그룹은 paclitaxel의 자원으로서 세포 배양을 활발하게 개발하고 있다. 예를 들면, 중국의 무한에 있는 Luo와 그 동료들은 유가배양시스템(fed-batch system)을 개발하였다. *Taxus chinensis* 세포에 sucrose를 하루에 20 g $l^{-1}$를 공급하여 32일 동안 5-L 배양 용기에서 최대 19 mg $l^{-1}$의 생산을 달성하였다(Luo *et al.*, 2002). 전 세계적으로 1년에 10억 달러가 팔리기 때문에 paclitaxel의 안정된 소스를 찾는 것은 중요한 연구 목표이다.

## 4.4 털뿌리배양

식물 뿌리를 *Agrobacterium rhizogenes*로 형질전환을 시키면 이 뿌리는 호르몬 없이도 배지에서 계대배양을 하며 무한정 생장할 수 있다(10장). 뿌리는 측근의 증식을 나타내며 1일에서 1주일 사이의 배가시간으로 매우 빠른 생장을 나타낸다(Bourgaud *et al.*, 2001). 털뿌리의 최대 장점은 생장함에 따라 2차 대사산물을 생산하는 것이다. 그래서 생물량이 증가하는 시스템은 산물을 최대로 수확하기 위하여 적정화된다. 털뿌리는 대규모 액체 진탕배양으로 키울 수 있고 일반적으로 세포 현탁배양보다 기계적인 손상에 덜 민감하다고 알려졌다(Bourgaud *et al.*, 2001).

일반적으로 2차 대사산물의 수준은 다르지만 털뿌리의 대사는 실제 뿌리의 대사와 유사하다. 털뿌리의 배양은 tropane alkaloid, betacyanin, nicotine, scopolamine, serotonin 등 약효와 관계있는 물질의 생산을 위하여 연구되었다(Misawa, 1994). 예를 들면 단일 클론 항체의 생산과 같이 유전적으로 변형된 털뿌리를 다양하게 적용하고 있다(Wongsamuth and Doran, 1997).

## 4.5 고정화 세포배양

고정화 세포배양은 액체 진탕배양을 능가하는 잠재적인 장점이 많다. 그러나 산물이 세포에서 배지로 분비되어야 효과적이다. 이 경우에 세포를 둘러싼 배지를 수거하여 추출하고, 세포는 산물을 더 생산하도록 살아있는 상태를 유지하여야 한다. 불행히도 배양 중인 대부분의 식물 세포는 산물을 액포에 저장하기 때문에 고정화 세포배양은 상업화되지 않았다.

고정화 방법은 여러 가지가 있다. 초기 연구는 세포를 agar, agarose, carageenan, alginate와 같은 젤라틴 물질에 심었다. 폴리우레탄의 표면에 세포를 흡수시키는 것도 성공적이었다. *Capsicum frutescene* 세포는 현탁배양보다 capsaican을 50배 더 생산하였

표 14.4 식물조직배양체에 의한 생체내 변화(biotransformation)의 예

| 종 | 공급원료 | 산물 | 참고문헌 |
|---|---|---|---|
| *Digitalis lanata* | β-methyldigitoxin | β-methyldigoxin | Spieler *et al.* (1985) |
| *Catharanthus roseus* | Catharanthine and vindoline | Vinblastine | Endo *et al.* (1987) |

고, 현탁배양을 통한 tropane alkaloids의 생산은 적었지만 *Datura innoxia*는 고정화 방법을 통하여 모식물과 비교할만한 수확을 나타냈다(Misawa, 1994). 만일 세포 시스템이 산물을 분비하도록 조작할 수 있다면 고정화 세포는 장점이 많다.

## 4.6 생체내 변화(biotransformation)(표 14.4)

현탁배양 세포나 고정화 세포는 고부가 가치 산물을 수확하기 위하여 화학물질을 변형하는데 사용될 수 있다. 최종 산물의 전구체는 현탁배양 배지나 고정화 세포로 흐르는 배지에 첨가할 수 있다. Spieler *et al.*(1985)은 *Digitalis lanata*에 β-methyldigitoxin을 공급 원료로 제공하여 β-methyldigoxin을 생산하였다. 일반적으로 항암제로 사용되는 vinblastine은 *Vicina* family에서 유래한 indole alkaloid이다. Vinblastine은 alkaloid인 catharanthine과 vindoline에서 형성되는데, *Catharanthus roseus* 식물에서 추출된다. Endo *et al.*(1987)은 catharanthine과 vindoline을 *C. roseus* 현탁배양에 공급하여 vinblastine을 생산하여 생체 내 변화의 잠재력을 보여주었다. 더 성공적인 실험은 catharanthine을 합성하기 위하여 보강된 MS 배지에 *C. roseus*를 배양하여 catharanthine을 추출하여 철 촉매제와 함께 vindoline과 반응시켰다. 이러한 혼합 과정은 일본의 Mitsui Petrochemical Company에서 개발되었다.

## 참고문헌

**Bourgaud, E., Gravot, A., Milesi, S. and Contier, E.** (2001) Production of plant secondary metabolites: a historical perspective. *Plant Sci.* **161:** 839-851.

**Endo, T., Goodbody, A., Vukovic, J. and Misawa, M.** (1987) Biotransformation of anhydrovinblastine to vinblastine by a cell-free extract of *Catharanthus roseus* cell-suspension cultures. *Phytochemistry* **26**: 3233-3234.

**Fujita, Y., Takahashi, S. and Yamada, Y.** (1985) Selection of cell-lines with high productivity of shikonin derivatives by protoplast culture of *Lithospermum-Erythrohizon* cells. *Agric. Biol. Chem.* **49:** 1755.

**Luo, I., Mei, X.G., Liu, L. and Hu, D.W.** (2002) Improved paclitaxel production by fed-batch suspension cultures of *Taxus chinensis* in bioreactors. *Biotechnol. Lett.* **24:** 561-565.

**Misawa, M.** (1994) *Plant Tissue Culture: An Alternative for Production of Useful*

*Metabolite.* FAO Agricultural Services Bulletin 108. FAO, Rome.

**Papageorgiou, V.P., Assimopoulou, A.N., Couladourous, E.A., Hepworth, D. and Nicolaou, K.C.** (1999) The chemistry and biology of alkannin, shikonin and related naphthazarin natural products. *Angew. Chem.* **38:** 270-300.

**Spieler, H., Alfermann, A.W. and Reinhard, E.** (1985) Biotransformation of beta methyldigitoxin by cell-cultures of *Digitalis lanata* in airlift and stirred tank reactors. *Appl. microbiol. Biotechnol.* **23;** 1-4.

**Tabata, M., Mizukami, H., Hiraoka, N. and Konishima, M.** (1974) Pigment formation in callus cultures of *Lithospermum erythrorhizon. Phytochemistry* **13:** 927-932.

**Venkat, K.** (1997) Paclitaxel production through plant cell culture: an exciting approach to harnessing biodiversity. IUPAC, http://www.iupac.org/symposia/phuket97/venkat.html

**Wongsamuth, R. and Doran, P.M.** (1997) Production of monoclonal antibodies by tobacco hairy roots. *Biotechnol. Bioeng.* **54:** 401-415.

The Basics

Chapter 15

# 전망과 미래의 도전

## 1. 최근의 발달

지난 30년에 걸쳐 식물세포와 조직배양에 대한 급격한 기술 발달은 식물학의 여러 분야에 중요한 영향을 미쳤다. 이 기간 동안에, 광범위한 종에 대한 조직배양 기술의 적용이 성공하여 이에 대한 프로토콜을 설명하는 논문의 숫자가 급격하게 증가하였다. 따라서 대부분 주요 작물, 열매, 관상용 식물 등을 포함하는 식물의 다양한 절편에서 식물을 재발생시키는 것이 가능해졌다. 최근에, 식물조직(세포) 배양학의 발달은 분자생물학의 급속한 발전과 함께 식물학에서 새로운 변화를 일으키고 식물바이오테크놀로지의 분야가 시작되었다. 몇몇 괄목할만한 성과가 이루어졌고 현재 기초 연구를 위한 기술이나 혹은 상업적 적용에 성공한 많은 실험방법이 고안되었다.

## 2. 미래

식물 종의 방대한 생물학적 다양성으로 인하여 제기되는 많은 문제를 해결하기 위하여 식물 바이오테크놀로지가 계속 발전할 것으로 예상한다. 이미 확립된 분야의 발전과 새로운 방향의 탐색은 세포배양기술의 개선과 지속적인 발전에 필요할 것이다. 벼와 같은 작물의 유전체 서열분석에서 얻어지는 정보를 활용할 새로운 가능성과 유전체학, 단백질체학, 대사체학 등과 같은 기술의 응용이 연구되고 있어 미래에 여러 문제를 해결할 가능성이 있다.

### 2.1 개선된 재발생

조직배양과 분자생물학이 결합한 새로운 기술을 이용하여 어떤 유전자든지 도입하여 형질전환된 식물을 만들 수 있는 시점까지 발달하였다. 더 나아가, 이러한 기술의 이용은 형질전환된 작물을 상업화하도록 하였다. 그러나 효과적인 형질전환과 재발생은 각 종이나 유전자형이 가지고 있는 그들만의 독특한 조건이 있기 때문에 정교한 기술이 필요하다. 이전에 형질전환이 되지 않았거나 배양되지 않은 종을 다루기 위하여 이미 확립된 프로토콜을 조심스럽게 적용해보거나 혹은 조직, 배지 조성, 배양 조건 등과 같은 요인을 고려하여 새롭고 정확한 방법을 개발하는 것이 필요하다. 배양 조건의 적정화에 있어서 가장 중요한 것은 안정적이고 효과적인 이식유전자의 통합과 발현을 달성하는 것이다. 때때로 이러한 접근을 통하여 믿을만한 프로토콜을 완성하기가 힘들고 유전자

지도 작성을 위한 유전자 방법의 적용은 연구 중에 있다.

***유전자 지도 작성: 양적형질유전자좌(quantitative trait loci; QTL)***

수확과 질병 저항성과 같은 작물의 특성은 여러 유전자(다유전자성)에 의해 조절되고 각 유전자는 멘델 법칙에 따라 분리되기 때문에 복잡하다. 게다가, 이 특징은 또한 환경요인에 의해 영향을 받는다. 이 특징을 양적형질(quantitative trait)이라고 하며 이러한 특징을 조절하는 유전좌위(loci)는 양적형질유전자좌(quantitative trait loci; QTL)라고 한다.

이들의 중요성을 고려하여, 양적형질의 개선은 많은 식물 품종개량 프로그램의 주요 목표 중 하나이다. 선별할 형질을 나타내는 QTL 대립유전자가 있는 세대를 확인하기 위하여, 각 형질과 관계있는 분자 마커는 분리집단에서 확인되고 양적형질을 단일 멘델 요소로 분리하는 연쇄 지도(linkage map)를 구축하는 데 사용된다. 이 연쇄 결과(linkage data)는 유전적 변이를 조절하는 유전자좌의 수를 추정하고 유전자에서 이들 위치를 지도로 만들고 유전자 작용에 대한 환경적 영향을 설명하는 데 사용된다.

다양한 형태의 마커를 사용하여 QTL 지도를 작성한다. 본래 isoenzyme을 분자 마커로 사용하였지만, 최근에 RFLP, RAPD, AFLP, minisatellite(10–45 bp)와 microsatellite(2–6 bp)를 포함하는 DNA의 서열반복(SR) 등과 같은 정확한 분자 DNA 마커를 사용한다. RAPD, AFLP, SR 기법은 PCR을 기본으로 하며 RFLP 기법 보다 더 빠르다. QTL에 관한 마커를 정의할 때, 표현형은 마커의 존재여부에 따라 예측이 가능하다. 게다가 지도 작성 기법은 특정한 형질에 대한 유전자를 확인하는 데 사용할 수 있으며 이 유전자는 클론이 되고, 염기 순서를 밝히고 다른 종에 전달될 수 있다.

캘러스 형성과 식물 재발생에 대한 수용력의 유전은 복잡하기 때문에, 배양 조건의 범위에 걸쳐 일정한 형질을 나타내는 QTL은 형질전환, 배양, 재발생을 위한 적절한 생식질(germplasm)을 검사하고 선택하는 데 사용될 수 있다. 이 기법은 marker-assisted selection(MAS)이라고 알려져 있다. 옥수수나 벼와 같은 몇몇 작물에서 꽃밥 배양성은 핵 암호화 유전자에 의해 조절되는 양적 형질이다(Beaumont *et al*., 1995; Kwon *et al*., 2002). 이 형질에 대한 QTL 정보는 배양 반응성(민감성)인 유전자형 선택과 반응을 거의 하지 않는 유전자형에 재발생성 형질을 전달하는 데 도움이 된다. 벼에서, 꽃밥 배양에서 낮은 식물 재발생을 나타내는 *indica* 품종에서 반수체 품종개량에 도움이 될 것이다.

## 2.2 식물 세포와 조직 배양에서 약용 단백질의 생산

동물과 인간의 진단과 치료를 위하여 식물에서 상업적인 규모로 재조합 단백질을 생산하도록 유전적으로 조작할 수 있다는 생각은 새로운 것이 아니다. Hiatt *et al*.(1989)은 담뱃잎에서 기능적인 항체 발현을 처음으로 입증하였다. 그 후 식물에서 생물약제의 생산을 위한 기술이 개발되어 이제 식물 시스템은 미생물과 동물 세포 배양을 대신하여 효소, 항체, 백신과 같은 단백질을 저렴하게 생산할 수 있다고 알려졌다. 현재, erythropoietin(빈혈 치료에 사용)나 insulin(당뇨병 치료에 사용)과 같은 인간 치료 단백질의 값싼 공급원의 요구가 높아지고 있다. 앞으로 이러한 요구는 인간 유전체 서열로부터 얻어진 정보를 탐색하여 개발될 새로운 세대의 단백질 약제로 확대될 것이다. 식물은 잠재적으로 재조합 약제물의 값싼 공급처이고 여러 바이오테크놀로지 회사는 현재 약물생산에 대한 식물 발현 시스템에 대한 특허를 내고 활발하게 포장 실험을 수행하고 있다. 더 나아가, 몇몇 식물에서 유래한 산물은 이미 인간의 임상실험의 초기 단계에 들어가 있다. 많은 식물 발현 시스템은 생물약제 생산을 위하여 개발되고 있다.

이러한 재조합 산물의 잠재적인 대규모 공급원으로서 식물 시스템 사용을 선호하는 것은 다음과 같이 여러 경제적, 기술적 장점이 있기 때문이다.

- 포유류 특이적 병원체에 의한 산물 오염의 낮은 위험
- 적절한 폴리펩티드 접힘과 다중 결합 조립
- 유성교배에 의해 새로운 이식유전자의 비교적 쉬운 도입
- 동물 사용에 따른 윤리적 문제의 방지

### *식물조직배양 생산 혹은 식물 농업?*

식물과 마찬가지로 포유류 유전자와 형질전환된 털뿌리와 같은 식물조직배양체는 광범위한 재조합 단백질을 생산할 능력이 있다. 식물에서 재조합 단백질을 상업적으로 생산하기 위하여 세 가지 방법이 연구되었다.

- 밭에서 생장하는 작물에 의한 대규모 농업 생산
- 온실 재배 식물을 이용한 농업 생산
- 생물반응장치에서 자라는 식물세포와 조직 배양

어떤 식물 시스템이 적절한지 결정하기 위하여 여러 가지 요인이 고려되어야 한다. 경제적인 관점에서 밭 생장 생산이 가장 저렴하다. 산물을 추출하거나 분리할 필요 없이 식물의 먹는 부분(예를 들면, 식용 가능한 백신)에 생산되는 경우, 후속 공정비용은 크게 감소할 것이다. 그러나 형질전환 작물을 개방된 밭에서 재배할 때 생겨나는 환경적 문제와 규제 문제는 이러한 방식의 생산에 큰 장애가 될 것이다.

환경오염과 같은 문제는 온실 재배를 통하여 막을 수 있다. 그럼에도 불구하고, 온실 재배 식물에서 재조합 단백질을 생산하는 것은 밭에서 재배하는 작물에서 보다 비용이 더 많이 든다.

비록 식물조직배양이 외래 단백질의 대규모 생산을 위하여 밭 재배와 온실재배 식물과 가격 경쟁이 되지 않아도, 조직배양은 생산에 이득이 되는 고유의 기술적 장점이 많이 있다. 예를 들면, 생물반응장치에서 생장하는 조직 배양체는 밭이나 온실에서 재배하는 식물보다 생장과 단백질 생산의 조작이 더 쉽다. 그러므로 현저하게 향상된 단백질 발현과 축적을 위한 배양 체제의 발달은 식물 배양체의 경제성을 향상시켰다. 세포 배양체의 또 다른 장점은 생장과 생산을 위한 시간 간격이 며칠 혹은 몇 주로서 일

반 식물보다 짧다. 따라서 임상 수요에 대한 공급을 쉽게 맞출 수 있다. 게다가, 형질전환 식물과 관계있는 환경적 위험은 생물반응장치에서 형질전환된 식물 세포를 배양하여 피할 수 있다. 산물이 배지로 분비되는 식물 세포 배양 발현 시스템에서 산물 분리와 공정 과정은 매우 쉽다. 단백질은 비파괴 단계에 따라 세포나 조직에서 분리될 수 있다.

따라서 생물반응장치에서 자라는 식물세포 배양체는 가치가 높고 순도가 높은 특수한 치료 단백질을 생산할 것이다(Doran, 2000).

### *근본적인 문제*

대부분의 고부가 가치의 식물성 산물은 합성된 후 액포에 저장되고 배지에 분비되지 않는다고 이미 지적하였다. 이것은 많은 의미를 함축하고 있다.

- 배지에서 산물을 수확한 배양체는 계속 배양할 수 없다.
- 수확한 후 세포는 파괴하여 추출하여야 한다.
- 산물은 액포의 산성 내용물에 의해 파괴되거나 세포 내에 있는 효소와 섞여서 추출하는 동안 파괴될 수 있다.

그러므로 산물이 배지로 분비되도록 세포를 조작하는 것은 식물세포 배양의 유용성을 크게 향상시킬 것이다. 지금까지 식물분비 경로에 대한 기본적인 이해가 부족하였다. 세포에서 산물의 수송과 표적화에 대한 이해는 크게 발전하였지만, 변형된 분비를 하는 세포주 개발이 주요 연구 목표이다. 산물이 어느 정도 만들어졌을 때 산물을 배지에 분비하도록 유도하는 세포주 제작은 더 가치가 있다.

### *당 문제*

항체나 혈액단백질과 같은 대부분의 재조합 인간 치료단백질은 성공적으로 형질전환된 식물에서 발현되었다. 대부분의 경우, 식물 생산 단백질의 아미노산 서열, 구조, 생물학적 활성은 포유류 세포에서 만들어진 것과 동일하다. 그러나 *N*-glycosylated glycoprotein에서 마지막 단계인 *N*-glycan 과정은 식물과 포유류에서 서로 달라서 개체-특이성 glycan을 가진 단백질이 형성된다. 비록 이러한 차이가 단백질의 활성에 영향을 미치지는 않지만, 항원성과 혈액통과(blood clearance)와 같이 임상적으로 중요한 특성은 심각하게 영향을 받을 수 있다. 최근에 마우스와 형질전환된 담배에서 발현된 단일클론 항체(Guy's 13 IgG1)의 *N*-glycosylation의 비교 연구에서(Cabanes-Macheteau *et al*., 1999), 비록 중심 glycan이 비슷했지만, 식물단백질은(1,2)-xylose와(1,3)-fucose 잔기가 있는 복합 *N*-glycan을 가지고 있었다. 식물단백질은 또한 말단 시알릴화(sialylation)가 결여되었다. 식물 특이성(1,2)-xylose와 (1,3)-fucose 잔기는 포유류에서 높은 면역성이 있어서 알레르기 반응의 원인이 되는 주요 항원결정기이다. 말단 시알릴화의 결여는 단백질의 *in vivo* 반감기를 감소한다고 알려져 있다.

이러한 식물 글리코실화(glycosylation) 문제를 피하는 방법은 글리코실화 경로에 있는 특수한 효소가 없는 형질전환 식물을 만들거나 그렇지 않으면 추출 후 단백질을 변형시키는 것이다.

***다중유전자 발현의 문제***

식물에서 얻어지는 대부분의 고부가 가치 단백질은 복잡한 대사 경로의 산물이며 종종 경로의 마지막 산물이다(제3장). 또한, 대사 조절 분석을 통하여 대사 활성을 급격하게 변화시키는 것은 단일유전자의 활성을 변화시키는 것 이상이 요구된다는 것을 알게 되었다. 현재, 가장 성공적인 유전자 변형은 오직 단일 유전자 변화에서만 이루어졌다. 예를 들어 2차 산물의 합성을 위하여 여러 유전자의 활성을 변형하거나 필요한 일련의 유전자를 도입하는 것은 중요한 발전이며, 배양하기 쉬운 세포 유형으로 경로를 조작한 공장 규모의 *in vitro* 시스템과 밭 생산 모두를 위하여 많은 가능성을 열어 놓았다. 다수 형질전환의 실험적 어려움 이외에, 다중 유전자 시스템은 적절한 수준의 활성을 보장하기 위하여 각 유전자를 위한 프로모터의 적절한 상호 조절이 필요하다.

## 2.3 미래에 대한 전망

***공통직선성(colinearity)과 신터니(synteny; 복수 유전자가 동일 염색체 상에 있는 것)***

각 종에 대한 발현유전자단편(expressed sequence tags; ESTs)의 사용의 증가와 함께 쌍자엽인 *Arabidopsis*와 단자엽인 *Oryza*(벼)의 완전한 유전자 서열에서 얻은 정보는 다른 종에서 유전자의 위치를 비교 유전체에 의해 보다 더 쉽게 찾도록 한다. 연관된 기능이 있는 유전자는 연관이 있는 종에서 서로 모여 있다(공통직선성과 신터니로 설명하는 특징). 그래서 한 종에서 유전자가 함께 위치하고 있다는 사실은 다른 종에서 유사한 유전자 그룹이 같은 위치에 있을 수 있다(Flavell, 1995). 예를 들면, 신터니 유전자좌(syntenic loci)의 공통직선성은 *Poacea* family에서 잘 보존되어 있다. 벼에서 분리하여 위치를 찾아낸 유전자는 사탕수수와 같이 먼 유연관계에서 상동 유전자를 분리하고 위치를 찾아내는 데 사용할 수 있다.

*in vitro* 배양가능성과 같은 형질을 이용하고 분자 생물농업을 위한 식물 유전자 탐색하는 미래의 개발 전략은 식물조직배양과 기법을 적용범위가 넓으며 보다 효과적인 연구 도구로 만들 것이다.

***생물정보학***

유전체학, 단백질체학, 대사체학의 융합 분야는 유전자, 단백질, 식물 생산성의 경로에 대한 수많은 정보를 빠르게 생산하고 있다. 이러한 분야를 이해하여 고부가 가치 산물의 생산을 위한 세포 배양의 변형에 대하여 새로운 수준의 합리적인 설계를 할 수 있다. 생식질 데이터와 유전체 데이터의 결합은 일반적인 작물과 유전적으로 변형된 작물 모두에서 식물 품종개량을 발전시킬 것이다. 이러한 접근으로 생산된 다량의 정보를 해석하는 것은 컴퓨터와 해석에 대한 전문지식이 필요하고 따라서 생물정보학의 역할은 점점 더 중요하게 될 것이다.

### 2.4 결론

식물조직배양은 순수식물과학과 응용식물과학을 위한 기본적인 기술이다. 지난 40년 동안 생물학에서와 같이 빠르고 약동적인 진보를 하였으며 기술의 응용은 전 세계적으로 영향을 미쳐왔다. 어떤 지역에서 형질전환 기술을 적용하는 것은 소비자의 저항과 환경적 경고에 직면하였다. 어떤 국가에서 조심스럽게 고찰한 기술을 다른 국가에서는 급속하게 받아들이고 있다. 다른 지역에서 몇 가지 예를 제외하고 생물반응장치에서 배양체를 이용하는 것과 같이(14장), 적용의 어려움과 비용으로 이 기술의 사용이 제한되었다. 그러나 적절한 주의를 기울이며 유전적 변형과 세포 조직배양의 결합은 분명히 발전을 위한 많은 기회를 제공하였다. 이러한 발전은 유전적으로 변형된 식물이나 변형되지 않은 식물 그리고 무성생식으로 번식하는 식물 모두에서 공장 규모의 시스템과 밭에 의한 생산의 발전을 기대할 수 있다. 이러한 발전의 중심에서 식물학에 대한 이해가 증가하여야 하며, 이러한 이해는 식물조직배양 자체의 응용으로 일부 얻어진다.

## 참고문헌

**Beaumont, V.H., Rocheford, T. and Widholm, J.N.** (1995) Mapping the anther culture response genes in maize (*Zea mays* L). *Genome* **38:** 968-975.

**Cabanes-Macheteau, M., Fitchett-Laine, A.C., Loutelier-Bourhis, C., Lange, C., Vine, N.D., Ma, J.K.C., Lerouge, P. and Faye, L.** (1999) N-glycosylation of a mouse IgG expressed in transgenic tobacco plants. *Glycobiology* **9:** 365-372.

**Doran, P.M.** (2000) Foreign protein production in plant tissue cultures. *Curr. Opin. Biotechnol.* **11:** 199-204.

**Flavell, R.R.** (1995) Plant biotechnology R & D - the next ten years. *Trends Biotechnol.* **13:** 313-319.

**Hiatt, A.C., Cafferkey, R. and Bowdish, K.** (1989) Production of antibodies in transgenic plants. *Nature* **342:** 76-78.

**Kwon, Y.S., Kim K.M., Eun, M.Y. and Sohn, J.K.** (2002) QTL mapping and associated marker selection for the efficacy of green plant regeneration in anther culture rice. *Plant Breeding* **121:** 10-16.

# The Basics

## suppliers of chemicals, apparatus and cell culture products

Bambelt Instruments BV
J. F. Vlekkestraat 272A
4705 AJ Roosendaal
The Netherlands
http://www.bambelt.com/

Bellco Glass, Inc.
340 Edrudo Road
P.O. Box B
Vineland
NJ 08360
USA
http://www.bellcoglass.com/

Biolink New Zealand Limited
P.O. Box 65-281
Mairangi Bay Auckland 1330
New Zealand
http://www.biolink.co.nz/

Biomark Laboratories
Apollo Green, 441/3 Somwar Peth
Near Meherbaba Centre
Pune 411 011
India
http://www.biomarklabs.com/plant.html

Carolina Biological Supply Company
2700 York Road
Burlington, NC 27215
USA
http://www.carolina.com/

Dent-Eq
No. 101/1, Surveyor St
Basavanagudi
Bangalore 560004
Karnataka
India

Fisher Scientific Worldwide
Export Division
50 Fadem Road
Springfield
NJ 07081-3193
USA
https://www3.fishersci.com

Gibco Laboratories
3175 Staley Road
Grand Island
NY 14072
USA
http://www.lifetech.com

ICN Biomedicals, Inc.
3300 Hyland Ave
Costa Mesa
CA 92626
USA
http://www.icnbiomed.com/

Kitchen Culture Kits, Inc.
905 Champions Drive
Lufkin
TX 75901-7235
USA
http://www.kitchenculturekit.com/

Lehle Seeds
1102 South Industrial Blvd
Suite D
Round Rock
TX 78681
USA
http://www.arabidopsis.com/

Melford Laboratories Ltd
Bildeston Road
Chelsworth
Ipswich
IP7 7LE
Suffolk
www.melford.co.uk

Merck & Co., Inc.
Kelco Division
Rahway
New Jersey
USA
www.serva.de/products/knowledge/081029.shtml

Osmotec
Distributed worldwide by Sigma
http://www.osmotek.com/

PhytoTechnology Laboratories
P.O. Box 13481
Shawnee Mission
KS 66282
USA
http://www.phytotechlab.com/

Plant tissue culture network
An online directory of suppliers
http://aggie-horticulture.tamu.edu/tisscult/database/index.html

Research Products International Corp.
410 N. Business Center Drive
Mount Prospect
IL 60056-2190
USA
http://www.rpicorp.com/index.php

Sigma Chemical Company
P.O. Box 14508
St. Louis
MO 633178
USA
http://www.sigmaaldrich.com/

Tissue Culture Network Supplier Database
http://horticulture.tamu.edu:7998/tissueculturesuppliers/index.html

VWR Scientific
1310 Goshen Parkway
West Chester
PA 19380
USA
Orders: 1-800-932-5000
http://www.vwr.com/

The Basics

# 용어해설

| | |
|---|---|
| Abiotic(비생물적) | 생물학적 기원이 아닌 |
| Abscission(탈리) | 프로그램된 발달 경로의 결과로 식물체에서 잎이나 열매가 분리되는 것 |
| *Agrobacterium rhizogenes* | '털뿌리'를 형성하여 뿌리털이 무성한 식물 뿌리로 변형시키는 *A. tumefaciens*와 관련 있는 토양 박테리아 |
| *Agrobacterium tumefaciens* | 형질 전환능력이 있고 감염된 식물에서 근두암종을 형성하는 토양 박테리아이며 식물 형질전환에 사용되는 변형된 플라스미드가 유래된다. 비독성 계통은 식물 유전공학에 사용된다. |
| Androgenesis(웅성발생) | 수컷(반수체) 유전체가 배가되어 자손을 형성하는 것 |
| Angiosperm(피자식물) | 열매에 둘러싸인 종자로 번식을 하는 현화식물 |
| Aneuploidy(이수성) | 염색체의 반수체 수가 완전한 배수가 되지 않는 것 |
| Apomixis(무수정생식) | 무성생식의 기원, 예를 들면 수정되지 않은 난자나 배주 조직에서 유래한 것 |
| Autotropic(독립영양의) | 스스로 양분 공급을 할 수 있는(광합성에 의해) |
| Auxin(옥신) | 생장과 발달에 관여하는 식물 생장 조절제(호르몬) 집합체의 일반적인 용어 |
| Bioreactor(생물반응장치) | 식물(혹은 다른 생물) 세포와 조직 배양에 사용하는 대규모 배양 용기 |
| Callus(캘러스) | 상처에 대한 반응이나 조직 배양으로 생성된 형태가 없는 세포 덩어리 |
| Chimera(키메라) | 2개 이상의 다른 생명체에서 유래한 유전적 물질을 포함하는 생명체나 유전적 구조체 |
| Chlorenchyma(엽록조직) | 엽록체를 포함하고 있는 유조직 |
| Clonal propagation(영양번식) | 무성생식 방법으로 유전적으로 동일한 자손을 생산하는 것 |
| Cloning vector(클로닝 벡터) | 숙주 세포의 유전체로 외래 DNA 조각을 삽입하기 위한 유전자 클론에 사용되는 물질 |

| | |
|---|---|
| Coconut water(코코넛 워터) | 몇몇 식물조직배양에 배지 첨가제로 사용되는 코코넛 액체 배유 |
| Codon(코돈) | 아미노산을 암호화DNA나 RNA에서 3개의 인접한 뉴클레오티드(염기)의 서열 |
| Collenchyma(후각조직) | 두꺼운 세포벽을 가진 지지조직 |
| Cotyledons(자엽) | 배의 일부분으로 형성된 잎 |
| Cultivar(품종) | 유성생식이나 무성생식으로 번식할 때 특징을 유지하는 종 내에서 그룹을 형성하는 "재배된 변종" |
| Cybrid(세포질체잡종) | 세포질 불임 주가 다른 세포 주와 세포 융합되어 세포질 유전체가 섞이는 세포질체 잡종 |
| Cytokinin(시토키닌) | 생장과 발달에 관여하는 식물 생장 조절제(호르몬)의 집합체 |
| Cytoplasmic male sterility (세포질성 웅성 불임주) | 생존 가능한 화분을 생성하지 못하는 것 |
| Differentiation(분화) | 세포와 조직이 특정한 구조나 기능으로 분화되는 발달 과정 |
| Diploid(2배체) | 반수체 염색체 수의 2배를 가지고 있는 것 |
| Embryogenesis(배발생) | 배의 형성 |
| Endosperm(배유) | 곡물의 저장 조직 |
| Epidermis(표피) | 기관의 외부 보호 세포층 |
| Epigenetic(후생적) | 부모 세포가 유전형적으로 동일해도 안정한 표현형 차이를 일으키는 변이로 안정적으로 전달된다. |
| Genetic modification (유전적 변형) | 형질전환 생명체를 얻기 위하여 유전체의 변형이나 외래 유전자나 프로모터를 삽입하는 것 |
| Genome(유전체) | 세포의 염색체 유전 물질. 식물세포는 3개의 유전체, 핵, 미토콘드리아, 색소체가 있다. |
| Genomics(유전체학) | 유전체의 외부 조직이나 기능을 연구하는 것 |
| Germplasm(생식질) | 종자나 식물체, 조직 혹은 세포 배양과 같이 살아 있는 물질에 포함된 유전 정보를 지칭하는 일반적인 용어 |
| Glyphosate(글리포세이트) | 제초제, 상품명으로는 Gallup, Landmaster, Pondmaster, Ranger, Roundup, Rodeo, Touchdown 등이 있다. |
| Gymnosperm(나자식물) | 소나무의 특징을 가진 종자식물의 두 번째 문 |
| Haploid(반수체) | 쌍을 이루지 않은 염색체의 단일 세트를 가지고 있는 것 |
| Haemocytometer(혈구계산기) | 세포 수를 세는 기구 |
| Hairy roots(털뿌리) | *A. rhizogenes*으로 변형된 뿌리로 뿌리털 형성으로 인하여 "털"을 가진 외형을 나타내는 뿌리 |
| Heterokaryons(이핵공존체) | 1개 이상의 핵이 있는 세포 |

| | |
|---|---|
| Heterologous(이종성, 이형) | 2개 이상의 기원에서 온 물질을 가지고 있는 것(예를 들면 이종기원 재결합은 2개의 부모주에서 온 유전자 물질의 조합이다) |
| Heterotropic(타가영양) | 외부 양분원이 필요한 것(cf. 독립영양) |
| Homozygous(동형접합성) | 상동염색체의 유전자자리에서 동일한 대립유전자를 가지고 있는 생명체나 세포 |
| Insert(삽입) | DNA가 벡터로 삽입되는 것이고 궁극적으로 유전체는 형질전환에 사용된다. |
| Hypocotyl(하배축) | 자엽 아래에 있는 유식물 줄기 |
| Laminar flow cabinet | 조직 배양에서 걸러진 기류를 사용하여 살균 작업 지역을 제공하는 기구 |
| Ligation(연결) | 인위적인 구조를 형성하기 위하여 유전적 물질을 서로 연결하는 것 |
| Meristem(분열조직) | 식물에서 세포 분열이 일어나는 부위 |
| Metabolomics(대사체학) | 작은 분자량 대사산물의 전체 요소를 분석하여 여러 생리적 상태에서 세포를 연구하는 것 |
| Micropropagation(미소대량증식) | 조직배양을 사용한 무성생식 방법에 의한 클론 자손 세대 |
| Microsatellite DNA | 짧고 반복되는 DNA 조각(2-6 bp) |
| Minisatellite DNA | 짧고 반복되는 DNA 조각(10-45 bp) |
| Mitotic index(유사분열지수) | 유사분열의 단계에 있는 세포의 비율 |
| Mixoploidy(혼수성) | 각 개체가 서로 다른 유전적 구조를 가진 세포 주가 존재하는 것 |
| Mutagenesis(돌연변이 유발) | 자연적으로나 인위적으로 유전체에 돌연변이를 증가시키는 것 |
| Opines(오핀) | *Agrobacterium* 감염 후 생성되는 질소가 포함된 화합물 |
| Osmostabilizer(삼투안정제) | 용액의 삼투 퍼텐셜을 유지하기 위하여 사용하는 화합물 |
| Ovule(배주) | 피자식물과 나자식물에서 수정 후 종자로 발달할 난자 세포에 있는 구조 |
| Parenchyma(유조직) | 얇은 세포벽을 가진 세포로 구성된 조직 |
| Parthenocarpic(단위결실) | 수정이 일어나지 않고 열매를 형성하는 것 |
| Periclinal(주변면의) | 세포판의 면에 수직인 분할 |
| Phloem(체관부) | 식물에서 탄수화물과 유기 화합물의 이동에 관여하는 관다발 통도조직 |
| Plasmid(플라스미드) | 작은 원형 이중 가닥 DNA로서 박테리아와 같은 숙주 안에 존재하고 숙주 유전 물질과 상관없이 복제되며 관심 있는 유전자를 포함하도록 제작될 수 있다. |
| Plasmodesmata(원형질연락사) | 식물세포에서 세포간 연결 부위 |

| | |
|---|---|
| Plasmolysis(원형질분리) | 식물세포벽에서 세포 내용물(원형질체)이 삼투적으로 수축되는 것 |
| Polygenic(다유전자성) | 여러 유전자에 의해 조절되는 것 |
| Polyploidy(배수성) | 염색체의 반수체 ($n$)의 3배 이상을 가지는 것 |
| Primer(프라이머) | DNA 서열의 복제를 시작하기 위하여 DNA 주형에 결합하는 뉴클레오티드 서열 |
| Proteomics(단백질체학) | 세포나 생명체의 단백질 조성을 정량화하고 설명하는 것 |
| Protoderm(원표피) | 표피가 되는 기본 분열조직 |
| Quantitative trait loci(QTL)(양적형질유전자좌) | 표현형 특성의 발현에 다르게 영향을 주는 대립유전자를 포함하는 다형적 유전자좌이며 변이에 대한 마커로 사용된다. |
| Random amplificationpolymorphic DNA(RAPD) | 짧은 프라이머를 사용한 PCR로 DNA 조각을 증폭시켜 DNA 서열을 비교하는 기술 |
| Restriction fragment length polymorphism(RFLP) | 관련이 있는 식물 사이에 유전자 서열의 차이를 검출하기 위해 사용하는 DNA 분해 기술 |
| Sclereids/Sclerenchyma(후벽조직) | 식물 내에 있는 지지세포와 지지조직 |
| Senescence(노화) | 조직이 늙고 죽어가는 발달과정에서 유전적으로 프로그램화된 단계 |
| Somaclonal variation (체세포영양계 변이) | 영양 번식의 자손에서 변이를 일으키는 다양한 원인에서 온 유전형의 변이 |
| Somatic embryos(체세포 배) | 체세포에서 유래한 배(즉, 조직배양에서); 참조: 정상적인 생식에 의해 생산되는 접합자배 |
| Strobilus(횡분체) | 솔방울-소나무류의 자실체 |
| Synteny(신터니) | 다른 종의 염색체에서 같은 순서로 배열된 유전자 |
| Totipotency(개체형성능) | 온전한 생명체를 생성하는데 필요한 전체 유전자를 유지하고 발현하기 위한 분화된 세포의 능력 |
| Transgenic(형질전환) | 외래 유전자를 포함하는 것 |
| Transposon(전이인자) | 독립적으로 스스로 복제하며 다른 염색체 혹은 같은 염색체내에 새로운 위치로 복사본을 삽입하는 능력이 있는 DNA 조각 |
| Triploid(3배체) | 염색체의 반수체를 3배 포함하는 식물이나 세포 |
| Vector(벡터) | 클로닝 벡터 참조 |
| Xylem(물관부) | 식물에서 물과 무기 화합물의 이동에 관여하는 관다발 통도조직 |

The Basics

# 찾아보기

## 기호



## 국문색인

ㄱ



ㄴ



ㄷ



ㄹ



ㅁ



ㅂ

## 영문색인

## O



## P



## R



## S



## T



## V



## Z